演習で学ぶ

MATLABによるディープラーニング

吉冨 康成　編著

浅田 太郎
田伏 正佳　共著
横山 友也

コロナ社

まえがき

本書は大学生，大学院生または企業のAI実務担当（予定）者が学ぶディープラーニングの実践的入門書である。大学教養科目としての数学を基礎知識としてもち，プログラミングの経験があると，理解しやすい。しかしながら，これらの素養がなくても，その不足分を補うに足る勉学意欲があれば，実践力が育まれるように工夫して書いた。

大学・大学院での演習，または企業の研修での教科書・参考書として利用いただくことを想定しているが，独習用にも活用できるように配慮した。

ニューラルネットワークの研究は，神経生理学からスタートした。本書の執筆時点は，その第3発展期にあたる。本書で取り扱うディープラーニングは，多層のニューラルネットワークによる機械学習手法であり，ニューラルネットワークの研究の歴史の中で，特筆すべき成果である。

ニューラルネットワークは人工知能の一形態と考えられており，近年，ディープラーニングがAIの代名詞となってきた。本書は，初心者が実践力を身に着けることを優先して書いたので，ディープラーニングに至るまでの先人たちの貢献については，紙面の多くを割くことはできなかった。

筆者らは，研究における軌跡を記すというより，むしろAIの活用を促進したいという思いから本書を企画した。MATLABは，科学技術計算用のツールとして利用されており，ディープラーニングも対象としている。本書の執筆時点では，ディープラーニングを行うとき，プログラミング言語としてPythonを使われる方が多いと思われる。それでは何故，ディープラーニング入門のツールとして，MATLABを取り上げたかというと，たんに使いやすかったからである。バージョンアップも毎年行われており，ヒントや例題も豊富で，サポート体制も完備されているため，ブラックボックス的色彩が拭えないディープラーニングの世界に，初心者が足を踏み入れるのに都合がよい。

また，MATLABからPythonのプログラムを呼び出したり，PythonのプログラムからMATLABを呼び出したりすることも可能とされているので，PythonでのプログラムとMATLAB使用時にも有効活用できる。

ディープラーニングに関する書籍はすでに数多く出版されているが，初心者がその分野に足を踏み入れるには敷居が高いきらいがある。そこで，ツールを演習で使用しながらディープラーニングを体得する進め方が，初心者の勉学意欲を喚起すると考えて本書を企画した。

まず 1 章で，ディープラーニングに至るニューラルネットワークの源流を概観し，2 章で，具体例を踏まえて，ディープラーニングの基本的ネットワークの構造を把握してほしい。3 章では，ディープラーニングの世界を俯《ふ》瞰《かん》するのに役立つ MATLAB でのチュートリアル，例題を Q&A 付で紹介している。ここまでが，演習をこなすための準備である。そして，4 章の演習を通じて，ディープラーニングの世界に自ら足を踏み入れてほしい。

4 章の演習問題で提供している解答例のプログラムは，Windows 11 上の MATLAB R2022a の環境で動作確認をしている。4 章の演習問題 4.1.3，4.1.4 については，MATLAB R2023a で解答例を作成した。本書の解答例のプログラム，本書に関する画像データなどはコロナ社のホームページ上にてダウンロードできる（目次の末尾をご確認ください）。

4 章の演習問題を解くために MATLAB 本体以外に Toolbox を用いる必要が生じる場合は，その Toolbox 名が，実行できることを必ず確認するようにと，指示している参考例に記されている。ただし，演習問題 4.1.3，4.1.4 については，参考例はない。しかし，これらの問題を解くためには，Computer Vision Toolbox を用いる必要がある。

本書の執筆にあたり多くの方々にお世話になった。本書は MathWorks 社のブックプログラムによるご協力の基に作成したものである。MathWorks 社の皆様にこの場を借りて感謝申し上げる。

本書を読まれて，ディープラーニングを「よし！使ってみよう！使いたい！」という気持ちになっていただければ，無上の喜びである。

2024 年 1 月

著者を代表して　吉冨康成

目　　　　次

1章　ニューラルネットワークの基礎

2章　ディープラーニングの基礎

3章 MATLABによるディープラーニングの予備知識

4章 MATLABによるディープラーニング演習

※ 本著の解答例のプログラムや，本書に関する画像データなどは下記 URL および二次元コードより入手できる。また，本著に記載した URL および二次元コードはすべて 2024 年 1 月現在のものである。

https://www.coronasha.co.jp/np/isbn/9784339029420/

解凍用パスワードは P95 をご確認ください。

1章　ニューラルネットワークの基礎

ニューラルネットワーク（neural network）における神経細胞（ニューロン，neuron）の機能のモデル化には

① ミクロな立場　　神経細胞内の電気パルス（electrical pulse）の発生，その伝搬機構などの性質をモデル化

② マクロな立場　　神経細胞のミクロな立場にとらわれずに，ニューラルネットワークを構成する情報処理の要素として神経細胞をモデル化

がある。

本書においては，実践的入門書を志向しているので，後者の視座で執筆した。本章では，2～4章でのディープニューラルネットワーク（deep neural network）の理解に必要となるニューラルネットワークの基礎について述べる。ディープラーニングは人工知能（AI: artificial intelligence）の一形態であり，機械学習（machine learning）にも属すが，本書の性質上，AIおよび機械学習を俯瞰する構成はとっていない。

ゴール

形式ニューロン（formal neuron），シナプスの可塑性（synaptic plasticity），パーセプトロン（perceptron），誤差逆伝搬（back propagation）学習法，ネオコグニトロン（neocognitron）とディープニューラルネットワークとの関連性を理解する。

1.1　形式ニューロンとシナプスの可塑性

神経細胞の観察を基にして，ニューラルネットワークの基礎となる神経細胞の機能のモデル化が行われた。神経細胞の構造を**図 1.1** に示す。神経細胞は，細胞体（soma）から突き出した樹状突起（dendrite）および他の神経細胞へ伸びた軸索（axon）からなる。軸索と他の神経細胞との結合部分をシナプス（synapse）という。

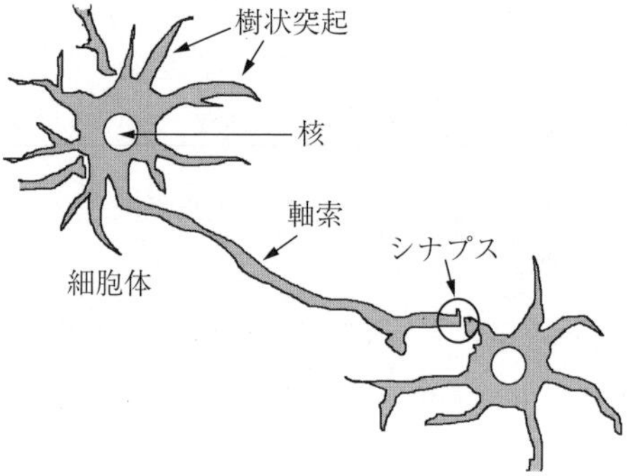

図 1.1　神経細胞

細胞体は細胞膜（cell membrane）で囲まれており，中央には核（nucleus）がある。シナプスの部分で，樹状突起または細胞体で他の神経細胞からの入力を受け，細胞体で信号処理し，軸索を通して他の神経細胞へ出力を出している。

シナプスにおいて，出力を出す側の神経細胞であるシナプス前神経細胞（presynaptic neuron）の軸索の末端は，入力を受ける側の神経細胞であるシナプス後神経細胞（postsynaptic neuron）の樹状突起または細胞体に，非常に狭い間隔で向かい合っている。

細胞体の働きは，機能的にはしきい値作用（threshold effect）である[1)][†]。このしきい値作用は，細胞膜のイオン透過性の変化から生じている。他の神経

† 肩付き番号は章末の引用・参考文献を示す。

細胞からの入力を受けて細胞膜のイオン透過性が高まり，その結果として細胞膜の膜電位（membrane potential）がしきい値より高くなれば†出力を出すが，しきい値以下であれば出力を出さない。

このしきい値作用が，機能として，入力を出力に非線形変換する効果を有している。また，シナプスには細胞膜の膜電位を高める興奮性シナプス（excitatory synapse）と低くする抑制性シナプス（inhibitory synapse）がある。さらに，複数のシナプスからの入力が加算的に膜電位へ影響を与えている。

神経細胞の機能において，ニューラルネットワークの数理モデルを作る際の要点は

① 入力を出力に変換する際のしきい値作用

② 入力に正，負の種類があること

③ 入力の加算性

④ シナプスの可塑性

である[2)]。シナプスの可塑性については本節の後半で記述する。

マッカロ（W.S. McCulloch）とピッツ（W. Pitts）は，これらの機能のうち①，②，③を，シナプス後神経細胞が n 個のシナプス前神経細胞 $\boldsymbol{k}(\boldsymbol{k}=1,2,\cdots n)$ から入力を受け，出力を出すモデルとして，式(1.1)～(1.3)で表される形式ニューロン（**図 1.2**）で表現した[3)]。

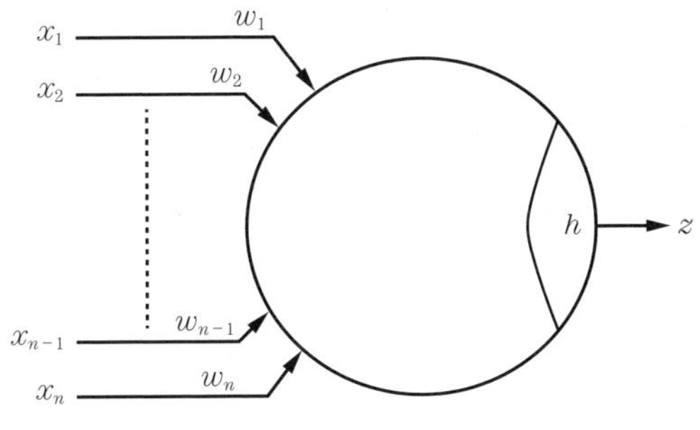

図 1.2　形式ニューロン

† この状態を，神経細胞が興奮した（excite）または発火した（fire）という。

$$y=\sum_{k=1}^{n} w_k x_k \tag{1.1}$$

$$f(u)=\begin{cases} 1, & u>0\ \text{のとき} \\ 0, & u\leq 0\ \text{のとき} \end{cases} \tag{1.2}$$

$$z=f\left(\sum_{k=1}^{n} w_k x_k - h\right) \tag{1.3}$$

ここで，$x_k \in \{0,1\}(k=1,2,\cdots,n)$ は，シナプス後神経細胞が受け取るシナプス前神経細胞 $\boldsymbol{k}$ の出力，y はシナプス後神経細胞の膜電位の変化量，h は興奮のしきい値，w_k はシナプス後神経細胞とシナプス前神経細胞 $\boldsymbol{k}$ とのシナプス結合荷重（synaptic weight），z はシナプス後神経細胞の出力である。

このモデルでは，（1）着目したシナプス後神経細胞とシナプス前神経細胞 $\boldsymbol{k}$ の位置関係や各神経細胞の構造，（2）シナプスの構造や機能などの影響因子で決まるシナプス後神経細胞とシナプス前神経細胞 $\boldsymbol{k}$ の間の信号の伝わり方を，シナプス結合荷重 w_k で総括的に表現している[2)]。

このモデルが，ディープニューラルネットワークを含めたニューラルネットワークの基礎になっている。形式ニューロンでは，シナプス後神経細胞の膜電位の変化を，シナプス前神経細胞の出力（$x_1, x_2, \cdots, x_n$）の荷重和という形で単純化しており，この荷重和がしきい値を超えると，シナプス後神経細胞が興奮して，出力 1 を出す。

入出力関数†（output function）f として，式(1.2)および**図 1.3**(a)で表されるステップ関数（step function）以外にも，式(1.4)および図 1.3(b)で表されるシグモイド関数（sigmoid function）が用いられるようになってきた。このシグモイド関数は，全領域で微分可能であり，常に有限な出力を出すのが特徴である。

$$f(u)=\frac{1}{1+e^{-\varepsilon u}}, \quad \varepsilon>0 \tag{1.4}$$

上記のモデル化に至る研究の軌跡を詳しく知りたい読者は，文献 2)～7) を読まれることをお勧めする。文献 2) で概観を掴《つか》むことができる。文献 3) が

† 活性化関数（activation function）ともいう。

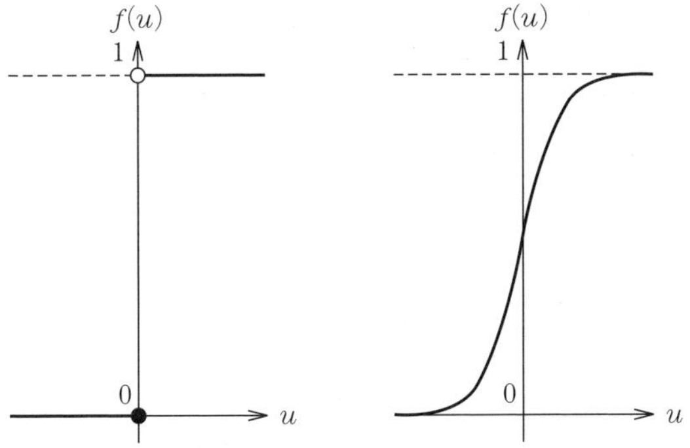

（a）ステップ関数　　（b）シグモイド関数

図 1.3　入出力関数の例

このモデルの提案であり，文献 4)～7) には，基礎となる生物学，生理学の関係する知見が記されている。

ここで，シナプスの可塑性について説明する。脳で行われている記憶をつかさどる素過程として，ヘブ（D.O. Hebb）がヘブの学習則（シナプス強化則）を提案した[8]。形式ニューロンでいえば，式(1.1)におけるシナプス結合荷重 w_k が時間的に変化することで記憶が蓄えられるという仮説である。

さらに具体的に説明すると，この仮説は，「神経細胞 A の出力が神経細胞 B に入力されたときに神経細胞 B が興奮すると，神経細胞 A から神経細胞 B へのシナプス結合荷重が大きくなる」というものである[9]。このシナプス結合荷重が入力との関係で変化することをシナプスの可塑性と呼ぶ。

この可塑性における塑性とは，「物体（例えば粘土）に力を加えて変形させた後に，力を加えるのをやめても，元の形状に戻らない性質」をいう。シナプス結合荷重は，シナプスの機能をモデル化したものであるので，シナプスの生理学的性質が変化することがシナプスの可塑性の本質である。

ディープニューラルネットワークを含めたニューラルネットワークの数理モデルでの学習則は「ヘブの学習則」を基にしている。また，シナプス結合荷重は「シナプス」を省略して，単に「結合荷重」と表記している場合もある。

MATLAB の中では，「シナプス結合荷重」を「Weight」，興奮の「しきい値」

を「Bias」と表記し，両者を学習により変化する対象に設定できるとしている。ただし，「しきい値」の場合，パラメータの前の符号が「−」であるが，「Bias」の場合，パラメータの前の符号が「＋」であることに注意されたい。

シナプスの可塑性は形式ニューロンと共に，ニューラルネットワークの数理モデルの基本概念である。本書で使用するMATLABの中では，数理モデルからスタートしており，このシナプスの可塑性に関する生理学的知見を用いることはない。

しかし，ニューラルネットワークのモデルの基盤の1つであるシナプスの可塑性が生理学的知見で根拠づけられていることは頭に入れておいていただきたい。この生理学的知見を詳しく知りたい読者は，文献10）を読まれることをお勧めする。

1.2 パーセプトロン

ローゼンブラット（F. Rosenblatt）により提案されたパーセプトロン（perceptron）[11),12)] は，パターンを学習し，識別する機能を有するニューラルネットワークであり，1.1節に記載した形式ニューロンとシナプスの可塑性を用いている。ディープニューラルネットワークにおいても部分的に採用されている階層型ニューラルネットワーク（layered neural network，**図1.4**）は，パーセプトロンがその原型である。

階層型ニューラルネットワークは，入力層（input layer）と出力層（output layer）の間に1つ以上の中間層[†]（middle layer）と呼ばれる層をもつ，多層構造のニューラルネットワークである（図1.4では，中間層が2つの例を記載している）。

階層型ニューラルネットワークでは，外部からの入力を入力層のニューロンが受け，出力層のニューロンが外部に出力を出す。中間層のニューロンは最上流の中間層の場合は入力層のニューロンから，それ以外の中間層の場合は1つ

† 隠れ層（hidden layer）ともいう。

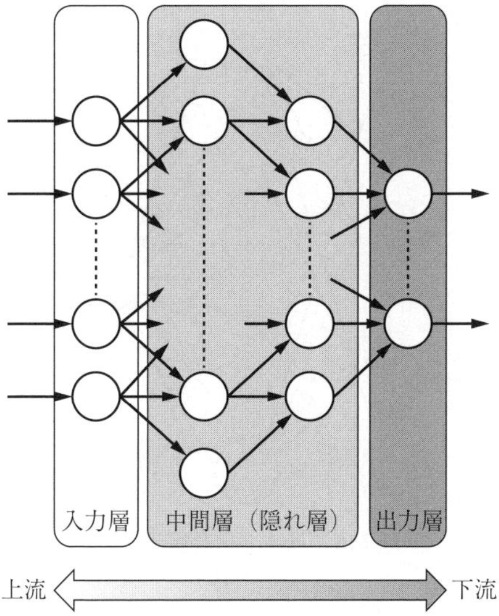

図 1.4　階層型ニューラルネットワーク

上流の中間層のニューロンから入力を受ける。そして，最下流以外の中間層の場合は1つ下流の中間層のニューロンに，最下流の中間層の場合は出力層のニューロンに出力を出す。

階層型ニューラルネットワークは，1.3節で説明する誤差逆伝搬学習法を重要な技法の1つとし，1.4節で説明するネオコグニトロンに大きな影響を受けて，ディープニューラルネットワークへと発展していくことになる。

図 1.5 にパーセプトロンの基本形である単純パーセプトロン（simple perceptron）を示す。単純パーセプトロンでは，入力は，入力層のすべてのニューロンから中間層のすべてのニューロンへ，中間層のすべてのニューロンから出力層の1個のニューロンへと一方向である。ここで，本書では，用語の統一のため，原著[11),12)]における，感覚ユニット（sensory unit），連合ユニット（associate unit），反応ユニット（response unit）をそれぞれ，入力層，中間層，出力層と表記している。

入力層のニューロンへの入力は，そのニューロンから中間層のすべてのニューロンへの出力と等しく，中間層と出力層の各ニューロンは，式(1.1)～

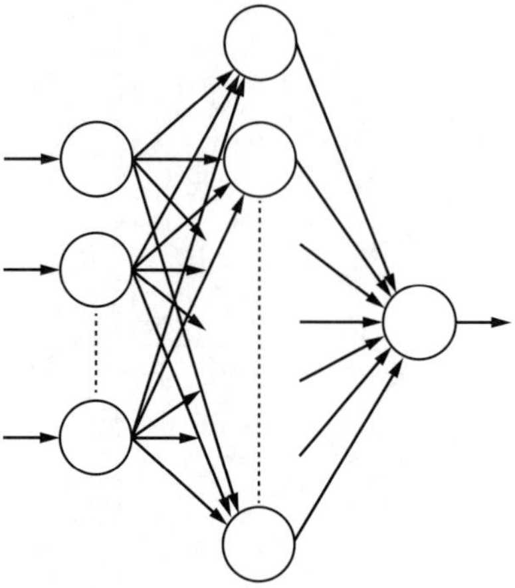

図 1.5　単純パーセプトロン

(1.3)および図 1.2 に示した形式ニューロンである。

入力層から中間層へのシナプス結合荷重は固定で，中間層から出力層へのシナプス結合荷重は可変である。また，中間層の各ニューロンの興奮のしきい値は固定で，出力層のニューロンの興奮のしきい値は可変である。

ここで，本書で用いる「学習（learning)」という用語について説明する。本書では「シナプス結合荷重は可変」「興奮のしきい値は可変」という記載をしている。この「可変」という用語を，本書では「学習対象」という意味で用いている。

コンピュータでは，入力から何らかの情報処理を行わせて出力を出すために，個別のプログラムを必要としている。これに対して，脳におけるニューラルネットワークでは，シナプスの可塑性ゆえに，入力に応じてシナプス結合荷重が変化し，出力を調整するという一種の学習機能を有している。

本書で取り上げている人工ニューラルネットワーク（以下では，単に「ニューラルネットワーク」と表記する）は，コンピュータを用いて情報処理を行うので，個別のプログラムを必要とする。そして，そのプログラムを用いた入力から出力への望ましい変換を，シナプス結合荷重およびニューロンの興奮のしきい値のパラメータチューニングで実現しようとしている。このパラメータチューニングを「学習」と呼んでいる。

情報処理における「学習」には，教師あり学習（supervised learning）と教師なし学習（unsupervised learning）があり，本書では，教師あり学習だけを対象としている。ニューラルネットワークへ入力を与えて出てくる出力と望ましい出力との差が小さくなるように，シナプス結合荷重およびニューロンの興奮のしきい値のパラメータチューニングを行う。このパラメータチューニングは，教師あり学習にあたる。教師なし学習の場合には，望ましい出力は与えられず，ニューラルネットワークに評価基準が与えられていて，その基準値を改善する方向にパラメータチューニングが行われる。

以降，本書での用語の統一のため，「シナプス結合荷重」を「結合荷重」，「興奮のしきい値」を「しきい値」とそれぞれ表記する。

次に，単純パーセプトロンにおける学習について文献2）を基に説明する。出力層のニューロンの出力 o^O は式(1.5)で与えられる。

$$o^O = \begin{cases} 1, & \sum_{j=1}^{n} w_j^{M,O} o_j^M - \theta^O > 0 \text{ のとき} \\ 0, & \sum_{j=1}^{n} w_j^{M,O} o_j^M - \theta^O \leq 0 \text{ のとき} \end{cases} \tag{1.5}$$

ここで，n は中間層のニューロンの数，$w_j^{M,O}$ は中間層のニューロン j と出力層のニューロンとの結合荷重，o_j^M は中間層のニューロン j の出力，θ^O は出力層のニューロンのしきい値である。

ここで，式(1.5)を式(1.6)のように変形する。

$$o^O = \begin{cases} 1, & \boldsymbol{w}^{M,O} \cdot \boldsymbol{o}^M > 0 \text{ のとき} \\ 0, & \boldsymbol{w}^{M,O} \cdot \boldsymbol{o}^M \leq 0 \text{ のとき} \end{cases} \tag{1.6}$$

ここで，$\boldsymbol{w}^{M,O} = (w_1^{M,O}, w_2^{M,O}, \cdots, w_n^{M,O}, w_{n+1}^{M,O})$，$\boldsymbol{o}^M = (o_1^M, o_2^M, \cdots, o_n^M, 1)$，$w_{n+1}^{M,O} = -\theta^O$ である。$\boldsymbol{w}^{M,O} \cdot \boldsymbol{o}^M$ はベクトル $\boldsymbol{w}^{M,O}$ と $\boldsymbol{o}^M$ の内積である。

入力層のニューロンへ入力が与えられるごとに，n 個の結合荷重と1個のしきい値を要素とする（$n+1$）次元ベクトル $\boldsymbol{w}^{M,O}$ に対して，式(1.7)を用いて修正（$\boldsymbol{w}^{M,O} \rightarrow \boldsymbol{w}^{M,O} + \Delta \boldsymbol{w}^{M,O}$）が施される。

$$\Delta \boldsymbol{w}^{M,O} = \eta (t^O - o^O) \boldsymbol{o}^M \tag{1.7}$$

ここで，出力層のニューロンの出力 o^O に対する教師信号を t^O と表記している。そして，パーセプトロンが1を出力すべき入力のときには t^O に1を，0を出力すべき入力のときには t^O に0を与える。η は学習率（learning rate）と呼ばれる定数で，1以下の正の小さい値を与える。

ディープニューラルネットワークを含むニューラルネットワークの分野では，この学習率 η のような任意パラメータが頻繁に登場し，その値を試行錯誤的に決める必要が生じる。

学習のしくみ（以下では「学習則」と表記する）を理解するため，式(1.7)を式(1.8)に書き直す。

$$\Delta \boldsymbol{w}^{M,O} = \begin{cases} \eta \boldsymbol{o}^M, & t^O = 1, o^O = 0 \text{ のとき} \\ -\eta \boldsymbol{o}^M, & t^O = 0, o^O = 1 \text{ のとき} \\ \boldsymbol{0}, & t^O = o^O \text{ のとき} \end{cases} \tag{1.8}$$

この学習則では，$t^O = 1$ のときに $o^O = 0$ となれば，結合荷重およびしきい値を $\eta \boldsymbol{o}^M$ だけ増加させる。それにより，中間層のニューロンから出力層のニューロンへの入力を $\eta \|\boldsymbol{o}^M\|^2$ だけ増加させ，その結果として o^O を1になりやすくする[2)]。

他方，$t^O = 0$ のときに $o^O = 1$ となれば，結合荷重およびしきい値を $\eta \boldsymbol{o}^M$ だけ減少させる。それにより，中間層のニューロンから出力層のニューロンへの入力を $\eta \|\boldsymbol{o}^M\|^2$ だけ減少させ，その結果として o^O を0になりやすくする[2)]。$t^O = o^O$ の場合は，$\Delta \boldsymbol{w}^{M,O} = \boldsymbol{0}$ となり，結合荷重およびしきい値は修正されない。

式(1.7)および等価である式(1.8)の学習則では，結合荷重およびしきい値の修正によって $t^O = o^O$ となる可能性は高まるが，その修正によって必ずしも $t^O = o^O$ となるわけではない。

単純パーセプトロンとしては，入力パターンベクトル $\boldsymbol{i}_p^I = (i_{p,1}^I, i_{p,2}^I, \cdots, i_{p,m}^I)$ $(p = 1, 2, \cdots, P)$ に対して $o^O = 1$ または $o^O = 0$ を出力して，入力パターンベクトルを2つのグループ（クラスともいう）に分離できればよい。ここで，$i_{p,k}^I \in \{0, 1\}$，$(p = 1, 2, \cdots, P)$，$(k = 1, 2, \cdots, m)$，m は入力層のニューロンの数，P は学習に用いる入力パターンベクトルの数である。

入力層のニューロンでは，外部からの入力 $\boldsymbol{i}_p^I$ と中間層への出力 $\boldsymbol{o}_p^I$ は等しい。

つまり，入力層のニューロンでは情報処理は行われていない。また，入力層のニューロンと中間層のニューロンとの結合荷重および中間層のニューロンのしきい値は固定であるので，$\boldsymbol{i}_p^I$ から中間層のニューロンの出力ベクトル $\boldsymbol{o}_p^M$ への変換は固定（学習により変化しない）である。

したがって，$\boldsymbol{o}^M$ からなるベクトル空間における $\boldsymbol{o}_p^M$ の存在領域を 2 つの部分空間に分離できれば，外部からの入力 $\boldsymbol{i}^I$ における $\boldsymbol{i}_p^I$ を 2 つのグループに分離したことになる。そこで，式(1.6)を見直してみると

$$\boldsymbol{w}^{M,O}\cdot\boldsymbol{o}^M = w_1^{M,O}o_1^M + w_2^{M,O}o_2^M + \cdots + w_n^{M,O}o_n^M + w_{n+1}^{M,O}o_{n+1}^M = 0 \tag{1.9}$$

を満たす $\boldsymbol{w}^{M,O}=(w_1^{M,O},w_2^{M,O},\cdots,w_n^{M,O},w_{n+1}^{M,O})$ を用いて，$(n+1)$ 次元のベクトル空間 $\boldsymbol{o}^M$ を $o^O=1$ または $o^O=0$ を与える 2 つの部分空間に分離できることがわかる。

式(1.9)は超平面（hyperplane）の式であり，外部からの入力 $\boldsymbol{i}_p^I$ から計算できる $\boldsymbol{o}_p^M(p=1,2,\cdots,P)$ を 2 つのグループに分ける超平面を与える $\boldsymbol{w}^{M,O}$ を探索するプロセスが学習に相当する。このような超平面が存在する場合，線形分離可能（linearly separatable）といわれている。線形分離可能な場合，パーセプトロンの学習が有限回で収束することは証明されている[2),13),14)]。

排他的論理和では，線形分離不可能であるため，条件を満たす超平面が存在しないことが知られている。このようにパーセプトロンの適用には限界があるが，その限界が明確であり，適用可能な対象であれば学習の収束が証明されている。本書で以降に取り上げるニューラルネットワークでは，実用性は進歩しているが，適用の限界および学習の収束は証明されていない。

1.3　誤差逆伝搬学習法

1.2 節で説明したパーセプトロンは，線形分離不可能な問題には本質的に適用できない。本節では，線形分離不可能な問題にも適用できる誤差逆伝搬学習法[15)]について説明する。ただし，この方法について，適用の限界および学習の収束は証明されていないので，使ってみてうまくいけばよいという割り切り

で使う方法である。

誤差逆伝搬学習法は，入力層と出力層の間に1個以上の中間層を設けたフィードフォワード型の階層的ニューラルネットワークを対象にした，教師あり学習である。まずは，誤差逆伝搬学習法の説明の準備として，図1.4に図示した階層型ニューラルネットワークを対象に，最急降下法（steepest descent method または gradient decent method）の考え方を説明する。

入力層への入力パターン $p(p=1,2,\cdots,P)$ のベクトルに対する出力層のニューロン $j(j=1,2,\cdots,m)$ の教師信号（＝出すべき望ましい出力）を $t_{p,j}$，出力層のニューロン j の実際の出力を $o_{p,j}$ とし，学習の評価関数として，式(1.10)の誤差関数 E を考える。

$$E=\frac{1}{2}\sum_{p,j}(t_{p,j}-o_{p,j})^2 \tag{1.10}$$

ここで，単純化のため，最下流の中間層のニューロン $i(i=1,2,\cdots,n)$ と出力層のニューロン j の結合荷重だけが可変で，入力層のニューロンと最上流の中間層のニューロン間の結合荷重，および中間層のニューロンと1つ下流の中間層のニューロンの結合荷重は固定とする。また，出力層のニューロンのしきい値は可変で，それ以外の層のニューロンのしきい値は固定とする。

そして，式(1.5)を式(1.6)に変形した際に用いた考え方で，出力層のニューロン j のしきい値 θ_j^o を，最下流の中間層の仮想的なニューロン $(n+1)$ と出力層のニューロン j との結合荷重として取り扱う。

ここで，$o_{p,j}$ は結合荷重 $w_{i,j}(i=1,2,\cdots,n+1)$ で決まるので，E は結合荷重 $w_{i,j}$ に関して陰（implicit）に定義された関数となる。任意の結合荷重 $w_{i,j}$ の状態から E が極小値となる状態へと漸近させる方策として，各結合荷重を

$$\Delta w_{i,j}=-\mu\frac{\partial E}{\partial w_{i,j}},\quad \mu>0 \tag{1.11}$$

ずつ変化させる。このような方法を最急降下法という。

ここで，問題を単純化して，**図1.6**に示した誤差関数 $E=f(w)$ を考える。図1.6では，誤差関数 E を1つの結合荷重 w の関数として表示し，w の定義

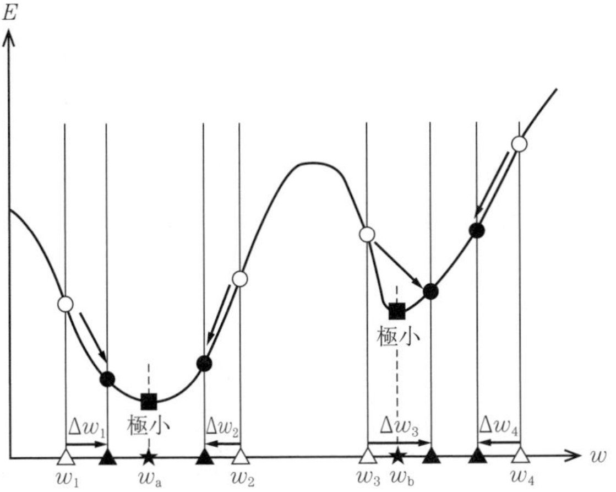

図 1.6　最急降下法の概念

域の一部を図示しているものとする。

図 1.6 で，△で表記している $w_i(i=1,2,3,4)$ の値から最急降下法により，▲で表記している $w_i+\Delta w_i$ の値に w が更新される。この方法で，μ の値を適切に設定すれば，E の値が減少する方向に w の値が更新されるので E の極小値を与える w の値（図 1.6 における w_a, w_b）を求めることはできるが，E の最小値を与える w の値が求まる保証はない。

ここで，誤差逆伝搬学習法の全体の処理の流れを概観していただくため，この方法における処理手順を以下に記す[2)]。

Step 1　入力層のニューロンへの入力パターンベクトルと出力層のニューロンからの出力ベクトルの教師信号の組の集合を準備する。

Step 2　入力層，中間層，出力層の順に，各ニューロンの出力を計算する。

Step 3　出力層のニューロンからの出力ベクトルの教師信号と実際の出力ベクトルとのユークリッド距離の 2 乗（以下では，「出力の 2 乗誤差」と表記する）を計算する。

Step 4　出力の 2 乗誤差が減少するように，出力層から入力層に向かって，ニューラルネットワークの各層のニューロン間の結合荷重と各ニューロンのしきい値を修正する。

Step 5　すべての入力パターンに対する出力の2乗誤差の総和が所定の値以下または Step 2 から Step 4 までの反復計算回数が所定の値以下になれば計算を終了する。そうでなければ，Step 2 に戻る。

以下では，誤差逆伝搬学習法での計算方法について説明する[2),15),16)]。**図 1.7** に示す m 個の層からなる階層型ニューラルネットワークを考える。

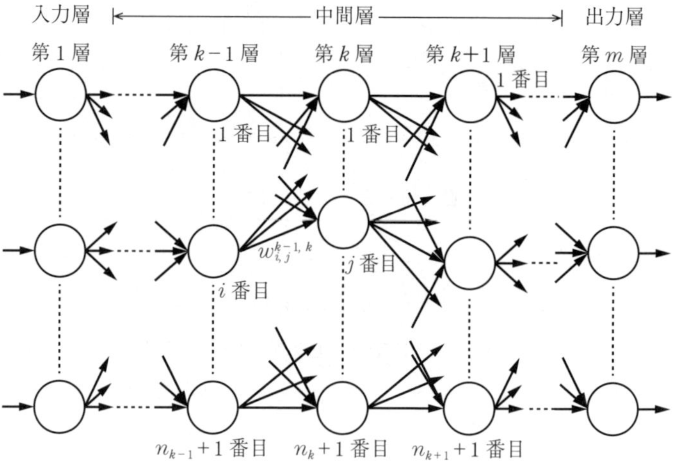

図 1.7　m 個の層からなる階層型ニューラルネットワーク

パターン p の入力を入力層の各ニューロンに入力したときの第 k 層（$k=2,3,\cdots,m$）の各ニューロンの入出力関係は式(1.12)，(1.13)のように表される。

$$o_{p,j}^{k}=f_j^k(i_{p,j}^{k}) \tag{1.12}$$

$$i_{p,j}^{k}=\sum_{i=1}^{n_{k-1}+1} w_{i,j}^{k-1,k}\, o_{p,i}^{k-1} \tag{1.13}$$

ここで，$o_{p,j}^{k}$ はパターン p の入力を入力層の各ニューロンに入力したときの第 k 層の j 番目のニューロンの出力，$i_{p,j}^{k}$ はパターン p の入力を入力層の各ニューロンに入力したときの第 k 層の j 番目のニューロンの入力，$w_{i,j}^{k-1,k}$ は第 $k-1$ 層の i 番目のニューロンと第 k 層の j 番目のニューロンとの結合荷重，f_j^k は第 k 層の j 番目のニューロンの入出力関数，n_k は第 k 層のニューロン数である。

そして，第$k-1$層に常に出力1を出す（$n_{k-1}+1$）番目のニューロンの存在を仮定して，このニューロンと第k層のj番目のニューロンとの結合荷重$w^{k-1,k}_{n_{k-1}+1,j}$を$w^{k-1,k}_{n_{k-1}+1,j}=-\theta^k_j$と設定する。ここで，$\theta^k_j$は第$k$層の$j$番目のニューロンのしきい値である。

次に，ニューラルネットワークの評価関数として，パターンpの入力を入力層の各ニューロンに入力したときの出力層（第m層）のi番目のニューロンの出力に対する教師信号$t^m_{p,i}$と，実際の出力$o^m_{p,i}$の2乗誤差の$p=1,2,\cdots,P$での総和の1/2であるEを考える（式(1.14)，(1.15)）。

$$E=\sum_{p=1}^{P}E_p \tag{1.14}$$

$$E_p=\frac{1}{2}\sum_{i=1}^{n_m}(t^m_{p,i}-o^m_{p,i})^2 \tag{1.15}$$

ここで，最急降下法を用いて，E_pが小さくなるように結合荷重$w^{k-1,k}_{i,j}$を変化させる。このときの結合荷重の変化量$\Delta_p w^{k-1,k}_{i,j}$について，式(1.16)が成り立つとする。

$$\Delta_p w^{k-1,k}_{i,j}\propto-\frac{\partial E_p}{\partial w^{k-1,k}_{i,j}} \tag{1.16}$$

そして，必要な式の変形を経て，m層からなる階層型ニューラルネットワークの結合荷重$w^{k-1,k}_{i,j}$の変化則として式(1.17)～(1.19)を得る。式(1.17)～(1.19)の導出に興味がある読者は，文献2）を参照いただきたい。

$$\Delta_p w^{k-1,k}_{i,j}=\eta\delta^k_{p,j}o^{k-1}_{p,i},$$
$$i=1,2,\cdots,n_{k-1}+1,\quad j=1,2,\cdots,n_k,\quad k=2,3,\cdots,m,\quad p=1,2,\cdots,P \tag{1.17}$$

$$\delta^m_{p,j}=(t^m_{p,j}-o^m_{p,j})=\frac{\partial f^m_j(i^m_{p,j})}{\partial i^m_{p,j}} \tag{1.18}$$

$$\delta^k_{p,j}=\frac{\partial f^k_j(i^k_{p,j})}{\partial i^k_{p,j}}\sum_{l=1}^{n_{k+1}}(\delta^{k+1}_{p,l}w^{k,k+1}_{j,l}),\quad k=2,3,\cdots,m-1 \tag{1.19}$$

ここで，ηは式(1.16)において等式にするために右辺に導入された比例係数である。入出力関数$f^k_j(x)$として，シグモイド関数を用いると

$$f_j^k(x) = \frac{1}{1 + \exp(-\varepsilon_j^k x)} \tag{1.20}$$

$$f_j^{k'}(x) = \varepsilon_j^k f_j^k(x)(1 - f_j^k(x)) \tag{1.21}$$

となる。$\varepsilon_j^k \to \infty$ の極限でシグモイド関数はステップ関数になる。誤差逆伝搬学習法では，$\varepsilon_j^k = 1$ と設定される場合が多い。式(1.18)，(1.19)は，式(1.21)を用いると，式(1.22)，(1.23)のように表せる。

$$\delta_{p,j}^m = \varepsilon_j^k (t_{p,j}^m - o_{p,j}^m) o_{p,j}^m (1 - o_{p,j}^m) \tag{1.22}$$

$$\delta_{p,j}^k = \varepsilon_j^k o_{p,j}^k (1 - o_{p,j}^k) \sum_{l=1}^{n_{k+1}} (\delta_{p,l}^{k+1} w_{j,l}^{k,k+1}), \quad k = 2, 3, \cdots, m-1 \tag{1.23}$$

式(1.17)において，η は定数であり，結合荷重の修正量 $\Delta_p w_{i,j}^{k-1,k}$ を計算する時点で，パターン p の入力に対する第（$k-1$）層の i 番目のニューロンの出力値 $o_{p,i}^{k-1}$ が既知の値であることから，$\delta_{p,j}^k$ を計算することで $\Delta_p w_{i,j}^{k-1,k}$ の値を得ることができる。

ε_j^k は定数であるので，式(1.22)の右辺に教師信号 $t_{p,j}^m$，第 m 層（出力層）の出力値 $o_{p,j}^m$ を代入することで $\delta_{p,j}^m$ が求まる。ついで，式(1.17)の右辺に $\delta_{p,j}^m$ を代入して，第（$m-1$）層と第 m 層（出力層）のニューロンの結合荷重の修正量 $\Delta_p w_{i,j}^{m-1,m}$ が求まる。

ε_j^k は定数で，$o_{p,j}^k$ および $w_{j,l}^{k,k+1}$ は $k = m-1, m-2, \cdots, 2, 1$ において既知の値である。式(1.23)の右辺の $\delta_{p,l}^{k+1}$ に $k = m-1$ での値を代入することで，$\delta_{p,j}^k$ の $k = m-1$ での値が求まる。ついで，式(1.17)の右辺に $\delta_{p,j}^{m-1}$ を代入して，$\Delta_p w_{i,j}^{m-2,m-1}$ が求まる。

引き続き，式(1.23)の計算を $k = m-2, m-3, \cdots, 2, 1$ と順次行い，得られた $\delta_{p,j}^k$ の値を式(1.17)に代入することで，$\Delta_p w_{i,j}^{k-1,k}$ の値が $k = m-2$ から $k = 1$ まで求まる。このように，結合荷重の修正量が下流から上流へ向け順次求まることから，誤差逆伝搬学習法という名前が付けられた。

誤差逆伝搬学習法は，最急降下法を基にしている。このため，式(1.17)における η の値が小さいほど，結合荷重の振動の問題は生じにくいが，学習速度が遅くなるという問題が生じやすくなる。

そこで，結合荷重の探索点の値が振動しにくい程度に学習速度を上げるために，式(1.24)の右辺第2項に記す慣性項（momentum term）を付加して結合荷重の修正を行う方法が用いられている。この方法をモーメント法（moment method）[15),17)]と呼んでいる。

$$\Delta_p w_{i,j}^{k-1,k}(n) = \eta \delta_{p,j}^{k} o_{p,i}^{k-1} + \alpha \Delta_p w_{i,j}^{k-1,k}(n-1) \tag{1.24}$$

式(1.24)は n 回目の結合荷重の修正量に，$(n-1)$ 回目の修正量をある程度継承する式になっており，α がその継承の程度を調整するための定数になっている。慣性項は学習の収束を早め，結合荷重の探索点の値の振動発生を減らす効果がある。この α としては1程度の値が用いられる。α の値を修正が進むごとに増加させる方法も提案されている。

誤差逆伝搬学習法を用いるときに，対象とする問題に応じて，ニューラルネットワークの構造やパラメータの値を決める必要がある。この作業の半経験的な指針に興味がある読者は，文献2）を参考にしていただきたい。

1.4 ネオコグニトロン

ディープニューラルネットワークの1つである畳み込みニューラルネットワーク（CNN: convolutional neural network）の原型とされているネオコグニトロン[18)~21)]について，2章以降の理解に特に有益な範囲に絞って概説する。ネオコグニトロンは，入力パターンの位置ずれや多少の変形に対してロバストなパターン認識能力を有していることが特徴である。

ネコやサルの大脳の視覚野（visual cortex）における神経細胞の反応に影響を与える網膜上の領域（以下では「受容野」（receptive field）と表記する）の性質に関する調査を基に，これらの神経細胞が，単純型細胞（simple cell）や複雑型細胞（complex cell），超複雑型細胞（hypercomplex cell）などに分類された[22)~25)]。

そして，これらの神経細胞相互間に，網膜（retina）→外側膝状体《がいそくしつじょうたい》（lateral geniculate nucleus）→単純型細胞→複雑型細胞，などの階層的な結合構造が存在するという仮説が提唱された[22)〜25)]。

一般に，複雑型細胞のほうが単純型細胞より受容野は大きく，刺激の位置ずれによる細胞の反応への影響は小さい[21)]。

ネオコグニトロンでは，光受容細胞（photoreceptor cell）が平面状に並んだ入力層 U_0 の後ろに，単純型細胞に似た反応特性を示す多数のS細胞から構成される層 $U_{sl}(l=1,2,\cdots,n)$ と複雑型細胞に似た反応特性を示す多数のC細胞からなる層 U_{cl} が交互に連なって層間結合している（$U_0 \rightarrow U_{s1} \rightarrow U_{c1} \rightarrow U_{s2} \rightarrow U_{c2} \rightarrow \cdots \rightarrow U_{sn} \rightarrow U_{cn}$）[21)]。

特徴抽出細胞であるS細胞は，位置選択性が厳密であるが，C細胞はそれほど厳密でない。最後の U_{cn} では，入力パターンのクラスに対応するC細胞1個だけが出力を出すことでパターン認識を行う[21)]。

U_{sl} と U_{cl} のペア $U_{cl} \rightarrow U_{sl}$ をパターン認識に用いる点は，大脳における視覚情報処理のモデル化である。そして，ペアを繰り返した構造とした点は，U_{sl} だけの繰り返し構造（$U_0 \rightarrow U_{s1} \rightarrow U_{s2} \rightarrow \cdots \rightarrow U_{sn}$）であるコグニトロン（cognitron）[26)〜29)]からの発展である。

U_{sl} と U_{cl} のペアを繰り返した層間結合構造とした点で，CNNと同じであることから，ネオコグニトロンがCNNの原型と評されている。U_{sl}，U_{cl} は，それぞれCNNでの畳み込み層（convolution layer），プーリング層（pooling layer）に対応する。

ディープニューラルネットワークの重要な要素技術である畳み込み層の利用は，このネオコグニトロンで最初に実現されたものである。ネオコグニトロンの詳細およびその根拠となる大脳における視覚情報処理に興味がある読者は，文献18)〜21）を参照いただきたい。

引用・参考文献

1）　甘利俊一：神経回路網の数理，産業図書（1978）

2）　吉冨康成：ニューラルネットワーク，朝倉書店（2002）

3）　W. S. McCulloch and W. Pitts: A logical calculus of the ideas immanent in nervous activity, Bullet. Math. Biophysics, Vol.5, pp.115–133 (1943)

4) 竹中敏文：ニューロンとリセプター，培風館（1989）

5) 伊藤正男：脳の設計図，中央公論社（1980）

6) 伊藤正男：脳のメカニズム，岩倉書店（1986）

7) 入来正躬，外山敬介 編著：生理学 1，文光堂（1986）

8) D. O. Hebb: The organization of behavior; a neuropsychological theory, Wiley (1949)

9) 中野　馨 編著：ニューロコンピュータの基礎，コロナ社（1990）

10) 甘利俊一，酒田英夫 編著：脳とニューラルネット，朝倉書店（1994）

11) F. Rosenblatt: The perceptron: a probabilistic model for information storage and organization in the brain, Psychological Review, Vol. 65, No. 6, pp.386–408 (1958)

12) F. Rosenblatt: Principles of neurodynamics: Perceptrons and the theory of brain mechanisms, Spartan Books (1962)

13) M. L. Minsky and S. A. Papert: Perceptrons, MIT Press (1969)

14) 坂和正敏，田中雅博：ニューロコンピューティング入門，森北出版（1997）

15) D. E. Rumelhart, G. E. Hinton and R. J. Williams: Learning internal representation by error propagation, Parallel Distributed Processing: Explorations in the Microstructures of Cognition, Vol.1, pp.318–362 (1986)

16) 安居院猛，長橋　宏，高橋裕樹：ニューラルプログラム，昭晃堂（1993）

17) D. E. Rumelhart, G.E. Hinton and R. J. Williams: Learning representations by back-propagating errors, Nature, Vol.323, pp.533–536 (1986)

18) 福島邦彦：位置ずれに影響されないパターン認識機構の神経回路モデル―ネオコグニトロン―，電子情報通信学会論文誌，Vol.J62–A, No.10, pp.658–665 (1979)

19) K. Fukushima: Neocognitron: A self-organizing neural network model for a mechanism of pattern recognition unaffected by shift in position, Biol. Cybernetics, Vol.36, No.4, pp.193–202 (1980)

20）K. Fukushima and S. Miyake: Neocognitron: A new algorithm for pattern recognition tolerant of deformations and shifts in position, Pattern Recognition, Vol.15, No.6, pp.455-469（1982）

21）福島邦彦：神経回路と情報処理，朝倉書店（1989）

22）D. H. Hubel and T. N. Wiesel: Receptive fields of ingle neurones in the cat's striate cortex, J. Physiol., Vol.148, No.3, pp.574-591（1959）

23）D. H. Hubel and T. N. Wiesel: Receptive fields, binocular interaction and functional architecture in the cat's visual cortex, J. Physiol., Vol.106, No.1, pp.106-154（1962）

24）D. H. Hubel and T. N. Wiesel: Receptive fields and functional architecture in two nonstriated visual area（18 and 19）of the cat, J. Neurophysiol., Vol.28, No.2, pp.229-289（1965）

25）D. H. Hubel and T. N. Wiesel: Receptive fields and functional architecture of monkey striate cortex, J. Physiol., Vol.195, No.1, pp.215-243（1968）

26）福島邦彦：自己組織機能を持つ多層回路，電子情報通信学会論文誌，Vol. J58-D, No.9, pp.530-537（1975）

27）K. Fukushima: Cognitron: A self-organizing multilayered neural network, Biol. Cybernetics, Vol.20, pp.121-136（1975）

28）K. Fukushima: Cognitron: A self-organizing multilayered neural network model, NHK Technical Monograph, No.30（1981）

29）福島邦彦：コグニトロンのパターン認識能力の向上，電子情報通信学会論文誌，Vol.62-A, No.10, pp.650-657（1979）

2章　ディープラーニングの基礎

1.4節で概説したネオコグニトロンがCNNの原型と評されている。そして，1.3節で概説した誤差逆伝搬学習法を用いて学習が改善されたLeNet[1]が提案され，CNNのルーツと評されている。

LeNetの提案者の一人であるルカン（Y. LeCun）は，計算機科学分野におけるノーベル賞と評されるチューリング賞を2018年に受賞している。ディープニューラルネットワークに関する功績がその授賞理由である。

本章では，3，4章でのMATLABを用いたディープラーニングの理解に必要となる基礎を，具体的なディープニューラルネットワークを用いて学ぶ。

ゴール

AlexNet[2], GoogLeNet[3], LSTM[4),5)]の概要，それらを構成する基本的構成要素，および転移学習を理解する。

2.1 AlexNet

2012年に発表されたAlexNetがCNNの評価を格段に高めた。本節ではMATLABの機能を参照しながら，AlexNetのネットワークの構造と学習済みの事例，主な構成要素，転移学習の利用方法について記す。

2.1.1 ネットワークの構造と学習済みの事例

AlexNetは，畳み込み層が5層，全結合層（fully-connected layer）が3層，この2つの層の数を合計して，深さ8層のCNNと呼ばれることがある。

MATLABでは，さらに詳細には，AlexNetは，入力層→「2次元畳み込み層（2-dimensional convolution layer）→活性化層（activation layer）（ReLU層）→正規化層（normalization layer）（チャネル単位の局所応答（クロスチャネル）正規化層）→プーリング層（2次元最大プーリング層（2-dimensional max pooling layer））」→「グループ化された2次元畳み込み層（group-wise 2-dimensional convolution layer）→活性化層（ReLU層）→正規化層（チャネル単位の局所応答（クロスチャネル）正規化層）→プーリング層（2次元最大プーリング層）」→「2次元畳み込み層→活性化層（ReLU層）」→「グループ化された2次元畳み込み層→活性化層（ReLU層）」→「グループ化された2次元畳み込み層→活性化層（ReLU層）→プーリング層（2次元最大プーリング層）」→「全結合層→活性化層（ReLU層）→ドロップアウト層（dropout layer）」→「全結合層→活性化層（ReLU層）→ドロップアウト層」→「全結合層→ソフトマックス層（softmax layer）」→出力層，という構造である[6)]。

上記の矢印は，入力層から出力層に至る信号の流れを表している。上記のカギカッコ（「　」）の表記は，信号の流れに関与していないので，カギカッコをすべて無視すると信号の流れがわかりやすい。上記の実線下線部，点線下線部の層については，MATLAB以外では，その前の層に含めて表記することがあるので注意されたい。また，MATLAB以外では，「2次元畳み込み層」を，単に「畳み込み層」と表記することがあるので，こちらも注意されたい。

ReLU層では，活性化関数$f(x) = \max(0,x)$を用いた変換を行う。ドロップアウト層では，確率0.5でランダムに，入力要素をゼロに変換する。上記各層のその他の処理のMATLABにおける説明については，文献6),7）を参照いただきたい。

MATLABでは，1 000クラス（ポットやラケット，コーヒーマグ，マウンテンバイクなど）の画像からなるImageNetデータセット[8]の各クラス約1 000枚，計約100万枚の画像で学習された事前トレーニング済みのAlexNet（以下では「学習済みAlexNet例」と表記する）が利用できる。このAlexNetは画像認識（画像分類ともいう）に利用できる。

このAlexNetでは，227画素×227画素のカラー画像を入力層のニューロン（MATLABの表記に合わせるため，以下では「ユニット」（unit）と表記する）に入力し，出力層では，各カテゴリーに対応したユニットがクラススコア（class score）を出力する。MATLABでは，上位のクラススコアに絞って表示することもできる。

MATLABでは，どの層間の「結合荷重」，およびどの層の「しきい値」（MATLABの表記に合わせるため，以下ではそれぞれ「Weight」「Bias」と表記する）が学習対象かをディープ ネットワーク デザイナーを用いて確認できる[9]。ただし，1章で用いた「しきい値」の場合，パラメータの前の符号が「−」であったが，「Bias」の場合，パラメータの前の符号が「＋」であることに注意されたい。

2.1.2 主な構成要素

本項では，MATLABでAlexNetを使用するにあたって特に理解しておいていただきたい事項を説明する。

1 畳み込みとプーリング　畳み込みとプーリングがCNNで特徴抽出する機構で重要な役割を担っている。ここでは，AlexNetを含むCNNで共通する畳み込みおよびプーリングの概念を説明する。

まず，畳み込みについて述べる。C 個のチャネル（channel）のうち，チャネル $c(c=0,1,\cdots,C-1)$，K 個のフィルター（filter）のうち，フィルター $k(k=0,1,\cdots,K-1)$ について説明する。ここで，チャネル c の1つの成分 $X(x_{i,j,c})$ $(i=0,1,\cdots,L-1,j=0,1,\cdots,H-1)$ を畳み込み処理の入力として考える。画像サイズを $L\times H$ 画素とする。

畳み込み処理は，CNNのさまざまな層で行われるため，以下ではRGBのカラー画像の1つの成分（例えばR成分）を含めて一般化して「2次元情報」，画素を含めて一般化して「ユニット要素」（unit element）と表記する。$x_{i,j,c}$ は負を含む実数値とする。入力層の各ユニットへの入力は $x_{i,j,c}$ であり，この層では，出力＝入力である。

畳み込み処理に用いるフィルター $W(w_{p,q,c,k})$ $(p=0,1,\cdots,L_f-1,q=0,1,\cdots,H_f-1)$ をサイズ $L_f\times H_f$ 個の2次元の実数値とする。$L_f<W,L_f<H$，である。例えば，学習済みAlexNet例の1回目の畳み込み処理では，$L=H=227$，$L_f=H_f=11,C=3,K=96$ である。C の値は，カラー画像の色（RGB）の数3である。

フィルターを，畳み込みフィルター（convolution filer），重み付きフィルター（weighted filter），カーネル（kernel），畳み込みカーネル（convolution kernel）と表記することもある。MATLABの表記に合わせるため，フィルターを以下では「畳み込みフィルター」と表記する。

畳み込みフィルターはチャネルごとに2次元情報として作成されるが，1回目の畳み込みフィルターの場合，畳み込みフィルターを3つのチャネルからなるRGBのカラー画像として表示する場合があるので，注意されたい。例えば，学習済みAlexNet例では1つの畳み込みフィルターは，11画素×11画素のカラー画像として表示される。

畳み込みフィルター k を用いた畳み込み処理後の各ユニットの出力 $Y(y_{i,j,k})$ は，式(2.1)で計算される。

$$y_{i,j,k}=f\left(\sum_{c=0}^{C-1}\sum_{p=0}^{W_f-1}\sum_{q=0}^{H_f-1}w_{p,q,c,k}\,x_{s_1i+p,s_2j+q,c}+b_k\right) \tag{2.1}$$

fは入出力関数，s_1は横方向，s_2は縦方向のストライド（stride）[†1]の値，b_kはBiasである。畳み込みフィルターの各要素$w_{p,q,c,k}$およびb_kは学習対象である。この学習機能が，CNNにおける特徴抽出に寄与している。

例えば，学習済みAlexNet例の1回目の畳み込み処理では，1番目の畳み込みフィルターはチャネルごと（例えばR成分）に96個（計288個），$s_1=s_2=4$である。そして，「活性化層（ReLU層）→正規化層（チャネル単位の局所応答（クロスチャネル）正規化層）」での処理を入出力関数による変換と解釈すればよい。

畳み込みフィルターでは，パディング[†2]（padding）が行われることもある。この処理の詳細に興味がある読者は，文献10）を参照されたい。

次に，プーリングについて説明する。CNNにおいて，入力は画像などの高次元情報である。そして，出力は，カテゴリーごとのスコアなどである。例えば，学習済みAlexNet例の場合，入力は，［ユニット要素数］×{チャネル数} ＝ ［227 × 227］× {3} ＝ 154 587次元であり，出力がカテゴリー数 ＝ 1 000次元である。このため，1 000/154 587 ＝ 0.006 468 85の割合で次元圧縮（dimension compression）していることになる。

畳み込み処理は，パディングを用いて処理後の画像サイズを保つことを前提にすると次元圧縮には寄与しない。主に，下記プーリングが次元圧縮に寄与している。プーリングの方式として，2次元情報において2 × 2の領域で最大値あるいは平均値，などを計算してその結果をユニット要素値として2次元情報にすると，次元数は（1/4）になる。また，この処理で得られる2次元情報は処理前の2次元情報における対象物の位置ずれに影響されにくくなる。これらの処理の詳細に興味がある読者は，文献10）を参照されたい。

例えば，学習済みAlexNet例の1回目のプーリングでは，3 × 3の領域での最大値を処理後のユニット要素値としている。プーリングにおいても，ストラ

---

†1　畳み込み処理スタートユニット要素を所定の数ずつ飛ばす処理のことを示す。

†2　2次元情報の淵《ふち》の領域では畳み込み処理を施せないので，畳み込み処理前の2次元情報のサイズを拡張して各拡張部にユニット要素の値0を与えるなどの処理を行う。学習済みAlexNet例の1回目の畳み込み処理では，パディングはなしである。

イドの処理も行われている。

2　主な層での処理概要　　畳み込み層として，2次元畳み込み層が2箇所，グループ化された（「グループ別」ともいう）2次元畳み込み層が3箇所，で用いられている。2.1.2項の **1** で説明したように，2次元畳み込み層では，入力と畳み込みフィルターを用いて，チャネルごとに2次元の畳み込みを独立に行った後に，チャネル全体での和をとる計算を行う。

次に，グループ化された2次元畳み込み層での処理を説明する。ここで，チャネル $c(c=0,1,\cdots,C-1)$ の全体集合 S が，$S=\cup_g C_g(g=0,1,\cdots,G-1)$ にグループ化されているとする。グループ化された2次元畳み込み層では，畳み込みフィルター k を用いた畳み込み処理後のグループ C_g の各ユニットの出力 $Y(y_{i,j,k,g})$ は，式(2.2)で計算される。

$$y_{i,j,k,g}=f\left(\sum_{c\in Cg}\sum_{p=0}^{W_f-1}\sum_{q=0}^{H_f-1}w_{p,q,c,k}\,x_{s_1 i+p,s_2 j+q,c}+b_k\right) \tag{2.2}$$

f は入出力関数，s_1 は横方向，s_2 は縦方向のストライドの値，b_k は Bias である。畳み込みフィルターの各要素 $w_{p,q,c,k}$ および b_k は学習対象である。この学習機能が，CNN における特徴抽出に寄与している。

グループ化された2次元畳み込み層では，入力と畳み込みフィルターを用いて，チャネルごとに2次元の畳み込みを独立に行った後に，チャネルのグループごとに和をとる計算を行う。

例えば，学習済み AlexNet 例の2番目の畳み込みは，グループ化された2次元畳み込み層で処理が行われている。$L=H=27, L_f=H_f=5, G=2, K=128$（グループごと），$C=48$（グループごと），$s_1=s_2=1$ である。そして，「活性化層（ReLU層）→正規化層（チャネル単位の局所応答（クロスチャネル）正規化層）」での処理を入出力関数による変換と解釈すればよい。

畳み込みフィルターでは，畳み込み前の2次元情報のサイズを4方向に2ユニット要素だけ拡張して各拡張部にユニット要素の値0を与えるパディングを行っている。

次に，AlexNet でプーリング処理として3回実施されている2次元最大プーリングについて説明する。AlexNetの2次元最大プーリング層では，縦横それぞれ2のストライドを実施し，3 × 3の各領域の最大値を計算することによって，ダウンサンプリングを行っている。

そして，「全結合層→活性化層（ReLU層）→ドロップアウト層」が2回実施されている。全結合層は，1.2節で説明した階層型ニューラルネットワークにおいても用いられており，その層の各ユニットが前の層の全ユニットから入力を受け，後の層の全ユニットへ出力を出している。そして，「活性化層（ReLU層）→ドロップアウト層」での処理を入出力関数による変換と解釈すればよい。

「全結合層→ソフトマックス層」においては，ソフトマックス層での式(2.3)の計算を入出力関数による変換と解釈すればよい。

$$f(x_i) = \frac{e^{x_i}}{\sum_{k=1}^{N} e^{x_k}} \tag{2.3}$$

ここで，x_iは上記全結合層のユニット$i(i=1,2,\cdots,N)$の出力値，Nは上記全結合層のユニット数である。出力層では，各ユニットにおいて出力＝入力である。また，『「全結合層→ソフトマックス層」→出力層』をまとめて出力層と解釈することもできるので注意されたい。

次に，AlexNetでの学習について概説する。MATLABの表記では，WeightとBiasが学習により決定するパラメーターである。Weightは，①2次元畳み込み層の畳み込みフィルターの各要素の値，②全結合層の各ユニットの要素と直前の層の全ユニットの要素との結合を表す値，として割り当てられている。Biasは，①2次元畳み込み層の各ユニットの値，②全結合層の各ユニットの値，として割り当てられている。

AlexNetでは，最適化問題の近似最適解を得る方法の1つである確率的勾配学習法を用いて，教師あり学習を行う。教師データは，学習データ†（training data）であり，データ拡張（data augmentation）を施している。

AlexNetにおいても1.3節で説明した誤差逆伝搬学習法の枠組みの中で学習

† 訓練データともいう。

を行っているが，いくつか独自の工夫がなされている。この独自の工夫の詳細に興味がある読者は，文献2）を参照されたい。MATLABでは学習済みAlexNet例を使用できる[6)]。

データ拡張は，学習データが不足する場合に，一般に行われている。画像を対象とする際には，左右反転や回転，色変換，ノイズ付加などで学習データを増やしている。この処理の詳細に興味がある読者は，文献10）を参照されたい。MATLABでもこの処理を行うことが可能である[6)]。

2.1.3 転移学習の利用方法

ディープラーニングの初心者がディープニューラルネットワークを設計し，必要なデータセットの作成を行い，その後，学習済みネットワークまで準備するのは容易でない。学習済みAlexNet例など学習済みのCNNを活用することから始めるのが現実的である。

この場合，学習に用いたクラスだけが認識（分類ともいう）対象となる。これらのクラス以外を認識の対象としたい場合に有効な方法が転移学習（transfer learning）である。転移学習にはさまざまなバリエーションがある。その詳細に興味がある読者は，文献10）を参照されたい。

以下では，学習済みAlexNet例を事前学習例として，MATLABで提供している転移学習の例[6)]（以下では「転移学習AlexNet例」と表記する）について説明する。

学習済みAlexNet例では，1 000クラス（ポットやラケット，コーヒーマグ，マウンテンバイクなど）の画像からなるImageNetデータセット[8)]の各クラス約1 000枚，計約100万枚の画像で学習が行われている。

学習済みのCNNでは，畳み込みフィルターが学習されていることから，特徴抽出器（feature extractor）を獲得している。1 000クラスで学習された畳み込みフィルターなので，学習に用いたデータセットに含まれないクラスで特徴抽出がどの程度うまくいくかは，やってみないとわからない。

そこで，学習された畳み込みフィルターを用いて，最後の全結合層の各ユニットと1つ前の層の全ユニットの間のWeightと最後の全結合層の各ユニットのBiasを，新たなクラスで学習する転移学習について説明する。入力層への入力は新たな各クラスの画像であり，出力層（転移学習AlexNet例では，分類出力層に置き換えられる）のユニット数は，新たなクラスのクラス数である。

転移学習AlexNet例では，新たなクラスは，「MathWorks Cup」「MathWorks Cube」「MathWorks Playing Cards」「MathWorks Screwdriver」「MathWorks Torch」の5つで，各クラス15枚のカラー画像（227 × 227画素, jpeg）のデータセットが用意されており，各クラスにつき約73.3％（11枚）を転移学習用，約26.7％（4枚）を認識精度検証用にランダムに選択する設定になっている。

そして，最後の3つの層（全結合層→ソフトマックス層→出力層）の最初の層においてクラス数（事前学習では1 000）を5に変更し，最後の出力層を分類出力層に置き換え，転移学習に用いる画像にはデータ拡張を施している。

次に，学習の各種オプションを設定して，4 096 × 5個のWeightと5個のBiasだけが対象となる学習（他の層間のWeightと他の層のBiasは，学習済みAlexNet例の値で固定）を行っている。そして，4つの検証用の画像をランダムに選択し，認識結果を出力している。

2.2 GoogLeNet

2014年に発表されたGoogLeNetでは，21層（複数の層で並列処理を行う場合は1層とカウント）の畳み込み層を用いて分類性能の向上が図られた。AlexNetでは，5層の畳み込み層であったことからも，畳み込み層が格段に深くなっていることがわかる。

本節ではMATLABの機能を参照しながら，GoogLeNetのネットワークの構造と学習済みの事例，主な構成要素，転移学習の利用方法について記す。

2.2.1 ネットワークの構造と学習済みの事例

GoogLeNet には 1 層の全結合層があるため，畳み込み層 21 層と全結合層 1 層の数を合計して，深さ 22 層の CNN と呼ばれることがある。

MATLAB では，さらに詳細には，GoogLeNet は，入力層→「2 次元畳み込み層→活性化層（ReLU 層）→プーリング層（2 次元最大プーリング層）→正規化層（チャネル単位の局所応答（クロスチャネル）正規化層）」→「2 次元畳み込み層→活性化層（ReLU 層）」→「2 次元畳み込み層→活性化層（ReLU 層）→正規化層（チャネル単位の局所応答（クロスチャネル）正規化層）→プーリング層（2 次元最大プーリング層）」→ Inception モジュール→ Inception モジュール→プーリング層（2 次元最大プーリング層）→ Inception モジュール→ Inception モジュール→ Inception モジュール→ Inception モジュール→ Inception モジュール→プーリング層（2 次元最大プーリング層）→ Inception モジュール→ Inception モジュール→プーリング層（2 次元グローバル平均プーリング層）→ドロップアウト層→「全結合層→ソフトマックス層」→出力層，という構造である。

2.1.1 項と同様に，上記の実線下線部，点線下線部の層については，MATLAB 以外では，その前の層に含めて表記することがあるので注意されたい。ReLU 層では，活性化関数 $f(x)=\max(0,x)$ を用いた変換を行う。ドロップアウト層では，確率 0.4 でランダムに，入力要素をゼロに変換する。Inception モジュールについては 2.2.2 項の 2 で概説する。上記各層のその他の処理の MATLAB における説明については，文献 11）を参照いただきたい。

MATLAB では，（1）1 000 クラス（ポットやラケット，コーヒーマグ，マウンテンバイクなど）の画像からなる ImageNet データセット[8] で学習された事前トレーニング済み，（2）365 個のクラス（野原や森，寝室，海岸，台所など）の画像からなる Places365 データセット[12,13] で学習された事前トレーニング済み，からなる 2 通りの事前トレーニング済み GoogLeNet が利用できる。これらの GoogLeNet は画像認識に利用できる。

これらの GoogLeNet では，224 画素 × 224 画素のカラー画像を入力層のユニットに入力し，出力層では，各カテゴリーに対応したユニットがクラススコアを出力する。MATLABでは，上位のクラススコアに絞って表示することもできる。

MATLABでは，どの層間のWeight，およびどの層のBiasが学習対象かをディープ ネットワーク デザイナーを用いて確認できる[9)]。事前トレーニング済みGoogLeNetのWeight，Biasの各値は，学習に用いたデータセット（1），（2）で異なる。

さらに，全結合層および出力層でのユニット数はクラスの総数であるため，（1）では1 000,（2）では365である。このため，全結合層のBiasの数が，（1）では1 000,（2）では365である。全結合層の各ユニットへ入力される値は，（1）と（2）とも共通で1 024個であるため，Weightの数は，（1）では1 000 × 1 024,（2）では365 × 1 024である。

2.2.2 主な構成要素

本項では，MATLABでGoogLeNetを使用するにあたって特に理解しておいていただきたい事項を説明する。

1 畳み込みとプーリング　畳み込みとプーリングがCNNで特徴抽出する機構で重要な役割を担っている。AlexNetを含むCNNで共通する畳み込みおよびプーリングの概念を2.1.2項の 1 に記した。以下では，GoogLeNet特有の処理内容について説明する。

Inceptionモジュールの内部以外に，2次元畳み込み層が3層用いられているが，その処理の内容は，2.1.2項の 1 に記したものに含まれている。2番目の2次元畳み込み層のフィルターサイズが1 × 1となっている。式(2.1)でわかるように，この畳み込み処理では，空間方向の情報の集約（線形和）は行わず，チャネル方向の情報の集約（線形和）だけを実施している。この処理には，チャンネル方向の次元削減の効果がある。

Inceptionモジュールの内部以外に，プーリング層が5層用いられている。そのうち4層は2.1.2項の 2 で説明した2次元最大プーリング層である。それ以外の1層は，以下で説明する2次元グローバル平均プーリング層である。

GoogLeNetでは，最後のInceptionモジュールに引き続く2次元グローバル平均プーリング層において，7 × 7の各領域の平均値を計算することによって，ダウンサンプリングを行っている。

2 Inceptionモジュール　Inceptionモジュールの構成は**図2.1**のとおりである。

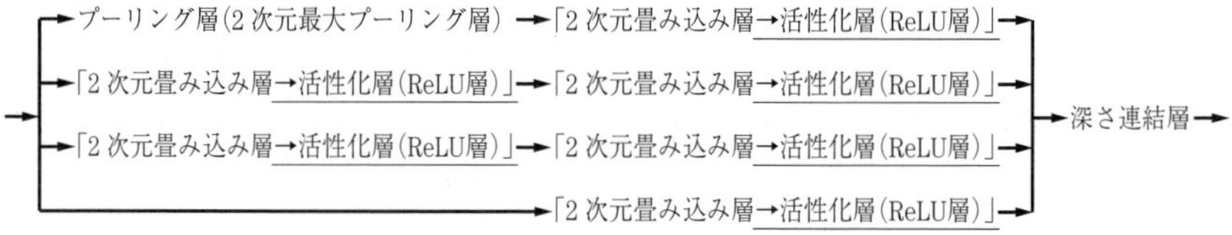

図2.1　Inceptionモジュールの構成

図2.1の実線下線部の層についても，MATLAB以外では，その前の層に含めて表記することがあるので注意されたい。

ReLU層では，活性化関数$f(x) = \max(0,x)$を用いた変換を行う。2.1.2項の 1 で処理内容を説明した2次元畳み込み層および2次元最大プーリング層をInceptionモジュールでも用いている。

Inceptionモジュールは，フィルターサイズやフィルターの数，パディング，ストライドなどの条件をそれぞれ定めた2次元畳み込み処理を並列化していることが特徴である。

6個の2次元畳み込み層のうち4個（図2.1の上から1つ目と4つ目の段の層，上から2つ目，3つ目の段のそれぞれ左側の層）では，フィルターサイズが1 × 1である。この2次元畳み込み層の処理の詳細に興味がある読者は，文献10）を参照されたい。残りの2個の2次元畳み込み層（図2.1の上から2つ目，3つ目の段のそれぞれ右側の層）では，フィルターサイズがそれぞれ3 × 3，5 × 5である。

個別の2次元畳み込み層および2次元最大プーリング層の処理条件は，Inceptionモジュールごとに決められており，同一のInceptionモジュールの中においても各層の処理条件を個々に定めている。各条件は，ディープ ネット

ワーク デザイナー[14]を用いて確認できる。

深さ連結層では，高さと幅が同じである入力を対象に，チャネルごとにこれらを連結する[15]。

3 その他の処理概要　GoogLeNetにおける「全結合層→ソフトマックス層」および出力層については，2.1.2項の 2 で説明したAlexNetのものと同様の処理内容である。

次に，GoogLeNetでの学習について概説する。MATLABの表記では，WeightとBiasが学習により決定するパラメーターである。Weightは，① Inceptionモジュール内外の2次元畳み込み層の畳み込みフィルターの各要素の値，② 全結合層の各ユニットの要素と直前の層の全ユニットの要素との結合を表す値，として割り当てられている。Biasは，① Inceptionモジュール内外の2次元畳み込み層の各ユニットの値，② 全結合層の各ユニットの値，として割り当てられている。

GoogLeNetにおいても1.3節で説明した誤差逆伝搬学習法の枠組みの中で学習を行っているが，いくつか独自の工夫がなされている。この独自の工夫の詳細に興味がある読者は，文献3）を参照されたい。MATLABで学習済みのGoogLeNetを使用できる[11]。

2.2.3 転移学習の利用方法

ディープラーニングの初心者が実務能力を培うには，AlexNetやGoogLeNetなどの学習済みのCNNを活用することから始めるのが現実的である。この場合，学習に用いたクラスだけが認識対象となるが，これらのクラス以外を認識の対象としたい場合に有効な方法が転移学習である。

以下では，MATLABで提供している転移学習の例[9]（以下では「転移学習GoogLeNet例」と表記する）について説明する。

ImageNetデータセット[8]で学習された事前トレーニング済みGoogLeNet（以下では「学習済みGoogLeNet例」と表記する）では，1 000クラス（ポットやラケット，コーヒーマグ，マウンテンバイクなど）の画像からなる各クラス約

1 000 枚，計約 100 万枚の画像で学習が行われている。

学習済み GoogLeNet 例では，Inception モジュール内外の畳み込みフィルターが学習されていることから，特徴抽出器を獲得している。1 000 クラスで学習された畳み込みフィルターなので，データセットに含まれないクラスで特徴抽出がどの程度うまくいくかは，やってみないとわからない。

そこで，学習された畳み込みフィルターを用いて，最後の全結合層と 1 つ前の層の間の Weight と最後の全結合層の Bias を新たなクラスで学習する転移学習について説明する。入力層への入力は新たな各クラスの画像であり，出力層（転移学習 GoogLeNet 例では，分類出力層に置き換えられる）のユニット数は，新たなクラスのクラス数である。

転移学習 GoogLeNet 例では，新たなクラスは，「MathWorks Cup」「MathWorks Cube」「MathWorks Playing Cards」「MathWorks Screwdriver」「MathWorks Torch」の 5 つで，各クラス 15 枚のカラー画像（227 画素 × 227 画素，jpeg）のデータセットが用意されており，各クラスにつき約 73.3%（11 枚）を転移学習用，約 26.7%（4 枚）を認識精度検証用に選択する設定になっている。

画像サイズは学習の間に，ネットワークの入力サイズに合うようにディープ ネットワーク デザイナー[14)]により変更される。

そして，最後の 3 つの層（全結合層→ソフトマックス層→出力層）の最初の層においてクラス数（事前学習での 1 000）を 5 に変更し，最後の出力層を分類出力層に置き換え，転移学習に用いる画像にはデータ拡張を施している。

次に，学習の各種オプションを設定して，1 024 × 5 個の Weight と 5 個の Bias だけが対象となる学習（他の層間の Weight と他の層の Bias は，学習済み GoogLeNet 例の値で固定）を行っている。そして，1 つの検証用の画像を選択し，画像サイズを 224 画素 × 224 画素に変更して，認識結果を出力している。

2.1.3 項で AlexNet, 2.2.3 項で GoogLeNet を用いた転移学習例を説明してきた。MATLAB では，ディープ ネットワーク デザイナー[14)] を用いて，他の学習済みのディープニューラルネットワークを基にした転移学習も比較的容易に行える。

2.3 LSTM

リカレントニューラルネットワーク（RNN: recurrent neural network）は，内部に有向閉路をもつニューラルネットワークの総称で，時系列などの系列データを対象とする。LSTM（long short-term memory）[4),5)] は標準的に用いられる RNN の一種である。

本節では MATLAB の機能を参照しながら，LSTM のネットワークの構造と主な構成要素，利用方法について記す。

2.3.1 ネットワークの構造

MATLAB では，ディープ ネットワークデザイナー[14)] で，（1）系列データの予測，（2）系列データの分類，の 2 種類の LSTM が利用できる。

MATLAB では，LSTM は，入力層→ LSTM 層→ドロップアウト層→「全結合層→ソフトマックス層」→出力層，という構造である。

上記の下線部については，MATLAB 以外では，その前の層に含めて表記することがあるので注意されたい。また，（1）の場合は，上記の下線部は使用されない。ドロップアウト層では，確率 0.5 でランダムに，入力要素をゼロに変換する。上記（1）と（2）で LSTM 層における出力モードが異なる（2.3.3 項を参照）。LSTM 層での処理内容については，2.3.2 項の 2 で記す。上記各層のその他の処理の MATLAB における説明については，文献 7)，14)，16)，17）を参照いただきたい。

2.3.2 主な構成要素

本項では，MATLAB で LSTM を使用するにあたって，特に理解しておいていただきたい事項を説明する。

1 RNN　LSTM は，RNN における長期記憶（long-term memory）の消失という課題を，記憶機構の提案により対処したネットワークである。まず，

LSTMの効用を理解していただくため，RNNにおける処理をElman型ネットワーク[18),19)]を例に以下で概説する。

Elman型ネットワークの構造を**図2.2**に示す。入力層のユニットへの入力と出力は等しく，時刻$t(t=1,2,\cdots,T)$における系列データを$(\boldsymbol{c}_t,\boldsymbol{x}_t)$で表記する。$\boldsymbol{z}_t$, $\boldsymbol{y}_t$は，それぞれ時刻tにおける中間層のユニットの出力，出力層のユニットのネットワークの外部への出力である。$\boldsymbol{x}_t$と$\boldsymbol{y}_t$は同じ次元のベクトルで表記される系列データである（スカラーの場合は次元1のベクトルとして取り扱う）。

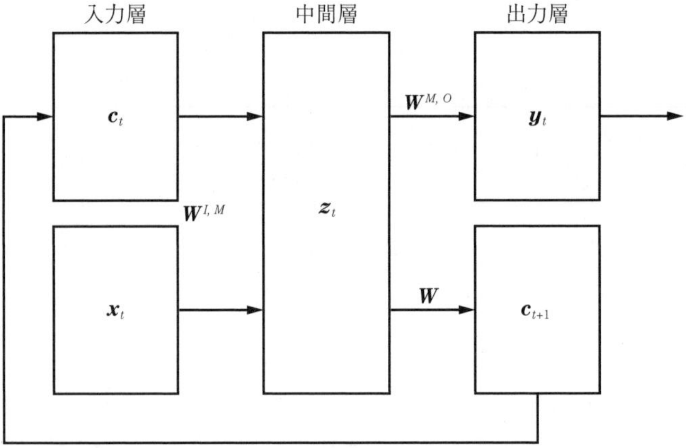

図2.2　Elman型ネットワークの構造

以下では，常に1を出力する仮想的なユニット（以下では「仮想ユニット」と表記する）を当該ユニットの1つ上の層（中間層に対する入力層，出力層に対する中間層）に設定する。

そして，当該ユニットのBiasを当該ユニットと仮想ユニットの間のWeightとして設定する表記を用いる。このため，以下では，Weightという表現の中にBiasが含まれている。

$\boldsymbol{W}^{I,M}$は，入力層のユニットと中間層のユニット間のWeightのベクトル表示である。$\boldsymbol{W}^{M,O}$は，中間層のユニットと出力層のユニットのうち$\boldsymbol{y}_t$を出力するユニット（以下では「出力ユニット」と表記する）間のWeightのベクトル表示である。

$\boldsymbol{W}$ は，中間層のユニットと出力層のユニットのうち $\boldsymbol{c}_{t+1}$ を出力するユニット（以下では「出力層文脈ユニット」と表記する）間の Weight のベクトル表示である。なお，以下では，入力層のユニットのうち，$\boldsymbol{c}_t$ を入力するユニットを「入力層文脈ユニット」，$\boldsymbol{x}_t$ を入力するユニットを「入力層系列ユニット」，と表記する。$\boldsymbol{c}_1=\boldsymbol{W}\cdot\boldsymbol{z}_0$ であるので，$\boldsymbol{z}_0$ に初期値を与える必要がある。通常は，$\boldsymbol{z}_0=\boldsymbol{0}$ を与える。

図 2.2 のネットワークの有向閉ループを，時間方向に展開すると**図 2.3** となる。① $\boldsymbol{c}_1,\boldsymbol{x}_1$ を入力して $\boldsymbol{y}_1,\boldsymbol{c}_2$ が出力させるネットワーク（以下では「N_1」と表記する），② $\boldsymbol{c}_2,\boldsymbol{x}_2$ を入力して $\boldsymbol{y}_2,\boldsymbol{c}_3$ が出力されるネットワーク（以下では「N_2」と表記する）を，N_1 の出力層文脈ユニットを N_2 の入力層文脈ユニットとして用いるというやり方で，①と②のネットワークを結合し，以降，時間方向に順次ネットワークを展開して N_1 から N_T までつなげることができる。

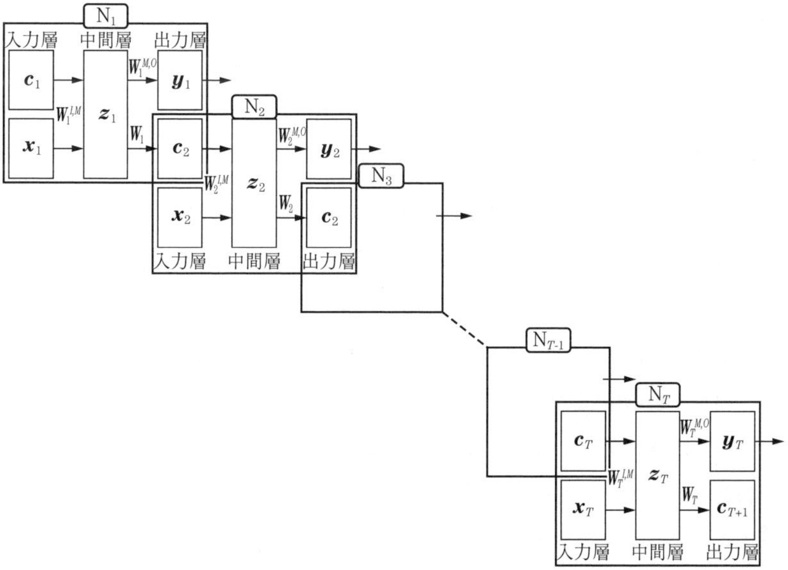

図 2.3　Elman 型ネットワークの時間方向の展開

そして，1.3節で記載した誤差逆伝搬学習法の拡張手法である通時的誤差逆伝搬（backpropagation through time）学習法[20),21)]を用いて，図2.3に記したネットワークにおける$\boldsymbol{W}_s^{I,M}, \boldsymbol{W}_s^{M,O}, \boldsymbol{W}_s (s = 1,2,\cdots,T)$を学習できる。この学習法の詳細に興味のある読者は，文献10),20),21)を参照いただきたい。

2　LSTM層での処理　上述のような基本的なRNNを時間方向に展開すると，順伝搬型ネットワーク（feed-forward neural network）とみなすことができる。しかし，この展開を進めるに伴いRNNが深いネットワークとなるため，誤差逆伝搬での勾配消失や発散が生じやすくなる[10)]。

この問題により，対象とする系列データを時間方向に長くして学習することが困難となる。言い換えると，入力を短期的に記憶して学習に用いることはできても，長期的に記憶して学習に用いることが難しいといえる。

この問題の対策として考案されたのが，以下で説明するLSTMである。LSTMはRNNの中間層（図2.2）をLSTM層に置き換えた構造になっている。LSTM層のユニットの構造例（文献5),10)を参考に作成）を**図2.4**に示す。

LSTM層のユニットは，メモリセル，入力ゲート，出力ゲート，忘却ゲートおよびいくつかの活性化関数を有している。Elman型ネットワークなどの基本的なRNNの中間層のユニット（入出力と入出力関数による処理）と比べると複雑な構成となっている。

図2.4における記号を説明する。mcs_i^tはメモリセルiの時刻tの出力値（状態）である。記号△は時間遅れを表す。実線矢印はデータの流れを表し，破線矢印は重みを乗じられたデータの流れを表す。×は，乗算を意味する。

活性化関数fには，通常，ロジスティックシグモイダル関数，活性化関数g,hには，通常，tanh関数が用いられる。入力1，2，3，4は，入力層の全ユニットおよびLSTM層の全ユニットからの入力を表している。出力ゲートからLSTM層の全ユニットおよび出力層の全ユニットへ出力が出る。入力はWeightが乗じられた値であり，出力にはWeightが乗じられる。これらのWeightは学習の対象である。

メモリセルiの時刻tの出力値mcs_i^tには，記号△が記された3つの経路を

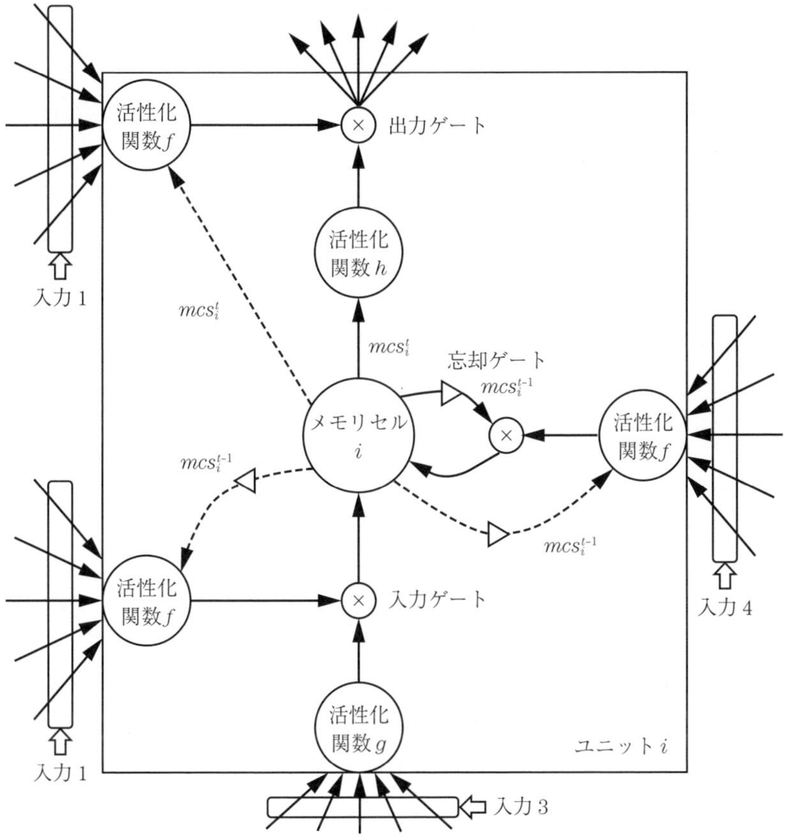

図 2.4 LSTM 層のユニットの構造例

経て時刻（$t-1$）の出力値 mcs_i^{t-1} が影響を与える。特に，忘却ゲートを経る経路において，その影響が大きい。mcs_i^t は式(2.4)で表せる。

$$mcs_i^t = \alpha_i^t \cdot mcs_i^{t-1} + \beta_i^t \tag{2.4}$$

ここで，$\alpha_i^t \in [0,1]$ は，LSTM ユニットの忘却ゲートで mcs_i^{t-1} に乗じられる値，$\beta_i^t \in [-1,1]$ は入力ゲートの出力値である。α_i^t, β_i^t も，mcs_i^{t-1} の影響を受けている（図 2.4）。式(2.4)は，過去の出力値が現在の出力値に影響を与えることを意味し，入力の記憶（短期，長期）が実現している。

α_i^t が 0 に近いほど，過去の出力値が現在の出力値に反映させる程度が少なくなる。α_i^t が1に近いほど，過去の出力値が現在の出力値に反映させる程度が大きくなる。

以上，LSTMについて概説してきた。LSTMの詳細に興味のある読者は，文献4),5),10）を参照いただきたい。

2.3.3 適用方法

MATLABでは，ディープ ネットワーク デザイナー[14]で，（1）系列データの予測，（2）系列データの分類，の2種類のLSTMが利用できる。いずれの場合も，学習用のデータが必要である。実践的な使用の場合，ユーザが学習用データを作成または入手する必要がある。

（1）の場合，系列データをLSTMに入力すると，同じ長さの系列が出力される。例えば，時間軸上に等間隔で得られた観測値が系列データとして得られていれば，各時刻において，一連の観測値と一定時間後の観測値を学習し，一定時間後の観測値の予測に供することができる。具体的な適用方法については，MATLABの例[16]を参照いただきたい。

（2）の場合，系列データの最後にクラスを追加した拡張された系列データが入力され，同じ長さの系列が出力される。時間軸上に等間隔で得られた観測値とクラス名からなる系列データを学習し，各時刻において，時間軸上に等間隔で得られた観測値を基に，クラス分類することができる。具体的な適用方法については，MATLABの例[17]を参照いただきたい。

引用・参考文献

1） Y. LeCun, L. Bottou, Y. Bengio and P. Haffener: Gradient-based learning applied to document recognition, Proc. IEEE, Vol.86, No.11, pp.2278-2324 (1998)

2） A. Krizhevsky, I. Sutskever and G. E. Hinton: ImageNet classification with deep convolutional neural networks, Proc. NIPS, Vol. 1, 1097-1105 (2012)

3） C. Szegedy, W. Liu, Y. Jia, P. Sermanet, S. Reed, D. Anguelov, D. Erhan, V.

Vanhoucke and A. Rabinovich: Going deeper with convolutions, Proc. CVPR, 1-9 (2015)

4) S. Hochreiter and J. Schmidhuber: Long short-term memory, Neural Computati on, Vol.9, No.8, pp.1735-1780 (1997)

5) A. Graves: Supervised sequence labelling with recurrent neural networks, Springer (2012)

6) alexnet：https://jp.mathworks.com/help/deeplearning/ref/alexnet.html

7) 深層学習層の一覧：https://jp.mathworks.com/help/deeplearning/ug/list-of-deep-learning-layers.html

8) ImageNet：http://image-net.org/index

9) ディープ ネットワーク デザイナー入門：https://jp.mathworks.com/help/deeplearning/gs/get-started-with-deep-network-designer.html

10) 岡谷貴之：深層学習　改訂第2版，講談社 (2022)

11) googlenet：https://jp.mathworks.com/help/deeplearning/ref/googlenet.html

12) Z. Bolei, A. Khosla, A. Lapedriza, A. Torralba and A. Oliva: Places: An image database for deep scene understanding, arXiv preprint arXiv:1610.02055 (2016)

13) Places：http://places2.csail.mit.edu/

14) ディープ ネットワーク デザイナー：https://jp.mathworks.com/help/deeplearning/ref/deepnetworkdesigner-app.html

15) 深さ連結層：https://jp.mathworks.com/help/deeplearning/ref/nnet.cnn.layer.depthconcatenationlayer.html

16) ディープ ネットワーク デザイナーを使用して時系列予測をネットワークに学習させる：https://jp.mathworks.com/help/deeplearning/ug/time-series-forecasting-using-deep-network-designer.html

17) 深層学習を使用した sequence-to-sequence 分類：https://jp.mathworks.com/help/deeplearning/ug/sequence-to-sequence-classification-using-deep-learning.html

18）J. L. Elman: Finding structure in time, Cognitive Science, Vol. 14, No. 2, 179-211（1990）

19）elmannet：https://jp.mathworks.com/help/deeplearning/ref/elmannet.html

20）P. J. Werbos: Backpropagation through time: what it does and how to do it, Proc. of the IEEE, Vol. 78, No. 10, 1550-1560（1990）

21）R. J. Williams and D. Zipser: Gradient-based learning algorithms for recurrent networks and their computational complexity. In Backpropagation: Theory, architectures, and applications, 433-486（1995）

3章　MATLABによるディープラーニングの予備知識

3章は，MATLABの初心者を想定して，ディープラーニングの効用を体感していただき，勉学意欲が湧くようにと願って執筆した。MathWorks社が提供しているチュートリアルを難しいと感じる初心者，豊富な例題に圧倒される読者がいるかもしれない。「3.1節　チュートリアルQ&A」では，疑問に答えることを主眼にした。疑問を抱かずにチュートリアルを学べた読者は，3.1節を飛ばしていただいて構わない。「3.2節　例題Q&A」では，ディープラーニングの世界を垣間見ていただければよく，例を細部まで十分理解するところまでを狙う必要はない。「面白そうだ」「役に立つかもしれない」「仕事で使うためにはどうしたらいいか」と勉学意欲が出てくれば3章の目的が達成できたと考えている。

ゴール

MATLABを用いたディープニューラルネットワークの活用に向けてワクワクしてくる。

Question 一覧

3.1　チュートリアルQ&A

3.2　例題Q&A

3.2.1　共通

3.2.4 例3：イメージ分類用の残差ネットワークの学習

3.2.5 例4：深層学習を使用した時系列予測

3.1 チュートリアル Q&A

MATLAB の初心者を想定して，MathWorks 社が提供している「ディープ ラーニング入門」を学んだ後に抱く可能性のある質問をリストアップし，その回答例を以下に記載している。1 章（ニューラルネットワークの基礎）または 2 章（ディープラーニングの基礎）に記載した内容については，以下の Q & A では記述していない。

ディープ ラーニング入門
https://matlabacademy.mathworks.com/jp/details/deeplearning-onramp/deeplearning

本書は，できるだけ多くの読者が，中央突破的にディープラーニング入門を果たすことを目的としているため，あえて，本節を設けている。MATLAB を使い慣れている読者については，本節を読み飛ばしていただいて構わないし，自身の関心がある Q&A だけに目を通していただいても構わない。

Q3-1-1　MATLAB におけるワークスペースとは何か？

A3-1-1　MATLAB で使用中の変数を保存しておくコンピュータ上のメモリ領域である。

Q3-1-2　MATLAB コードでは大文字小文字が区別されるか？

A3-1-2　区別される。例えば，A と a は区別される。

Q3-1-3　MATLAB コードでは空白の挿入で処理が変わるか？

A3-1-3　空白は，水平連結では区切り記号として機能する。例えば，２３では，空白が２と３の区切り記号として機能する。行ベクトルを定義する場合，空白またはコンマを使用して，要素を区切ることができる。空白を入力すれば文字列が読みやすくなる。例えば，`y=sin(pi/2)/2`と`y = sin ( pi / 2) / 2`は同じ内容とシステムは解釈するが，後者のほうが読みやすい表記である。

Q3-1-4　MATLABでは配列の大きさの宣言は必要か？

A3-1-4　MATLABではシステムが配列管理しており，ユーザは配列の大きさを宣言する必要はない。

Q3-1-5　関数`imread`でインポートできる画像のファイル形式が記載されているサイトはあるか？

A3-1-5　jpgやpngなどの形式のファイルをインポートできる。詳細については

Imread
https://jp.mathworks.com/help/matlab/ref/imread.html

を参照されたい。

Q3-1-6　MATLABにおけるオブジェクトの機能は何か？

A3-1-6　関数やデータをまとめて取り扱える機能である。「オブジェクト名．プロパティ名」で，オブジェクトにおけるプロパティ（「パラ

メーター」にあたる）を表記する。詳細については

オブジェクトのコピー
https://jp.mathworks.com/help/matlab/matlab_prog/copying-objects.html?lang=jp

を参照されたい。

プロパティ値へのアクセスの詳細については

プロパティ値へのアクセス
https://jp.mathworks.com/help/matlab/creating_plots/access-and-modify-property-values.html

を参照されたい。

Q3-1-7 データ ストアについて記載されているサイトはあるか？

A3-1-7 データ ストアに関して，例えば，関数 `datastore` は，大きすぎてメモリーに収まらないデータの集まりのリポジトリであるデータストアを作成する。詳細については

データ ストア入門
https://jp.mathworks.com/help/matlab/import_export/what-is-a-datastore.html

を参照されたい。

Q3-1-8 MATLAB のコードにおいて，*（アスタリスク）は何に使用できる

か？

A3-1-8　① 行列乗算の記号，② 複数のファイルやフォルダーを処理するファイル操作でのワイルドカード文字（任意の文字を指示するための特殊な文字記号），として使用できる。②の場合，* は1つ以上の任意の文字として取り扱われる。

Q3-1-9　MATLAB おいて，等号演算子（==）以外にどのような関係演算子を使用することができるか？

A3-1-9　“<”（より小さい），“<=”（以下），“>”（より大きい），“>=”（以上），“~=”（等しくない），がある。詳細については

関係演算子を使用した配列の比較
https://jp.mathworks.com/help/matlab/matlab_prog/array-comparison-with-relational-operators.html

を参照されたい。

3.2 例題Q&A

3.2.1 共　　通

Q3-2-1-1　各コマンドの使用方法の説明を閲覧する方法を教えてください。

A3-2-1-1　以下の構文で，「help」コマンドを使用して閲覧できる。

●構文

```
help name
```

●説明

help name は，関数，メソッド，クラス，ツールボックス，変数など，name によって指定された機能のヘルプテキストを表示する。

＜関数のヘルプコマンド使用方法＞

関数"delete"のヘルプを表示

```
help delete
```

と入力する。

＜クラスのメソッドのヘルプコマンド使用方法＞

classname クラスの methodname メソッドのヘルプを取得するには，クラス名とメソッド名をピリオドで区切って指定。

```
help classname.methodname
```

と入力する。

「help」コマンド以外に，ヘルプ センター†の検索システムを利用することもできる。検索キーワードの入力は，ヘルプ センターのページおよびその下の各ページから行える。

〈例〉

googlenet
https://jp.mathworks.com/help/deeplearning/ref/googlenet.html

Q3-2-1-2 MATLAB の Deep learning の各例題を実行するために必要な Tool Box を確認する方法を教えてください。

† ヘルプ センター：https://jp.mathworks.com/help/

A3-2-1-2　各例題の右上に「この例題では次を使用します。」と枠内の 1 行目に書かれた四角があり，その中に記載された Tool Box を使用する。

＜例＞
深層学習を使用した Web カメラ イメージの分類
https://jp.mathworks.com/help/deeplearning/ug/classify-images-from-webcam- using-deep-learning.html

この例では次を使用します。
Deep Learning Toolbox Model for GoogLeNet Network
Deep Learning Toolbox

Q3-2-1-3　「Deep Network Designer」の説明を閲覧する方法を教えてください。

A3-2-1-3　以下のページに記載されている。

ディープ ネットワーク デザイナー入門
https://jp.mathworks.com/help/deeplearning/gs/get-started-with-deep-network-designer.html

Q3-2-1-4　「MATLAB Compiler」の説明を閲覧する方法を教えてください。

A3-2-1-4　以下のページに説明が書かれている。

MATLAB Compiler 入門
https://jp.mathworks.com/help/compiler/getting-started-with-matlab-compiler.html?s_tid=CRUX_topnav

また，以下のページに動画による説明がある。

What Is MATLAB Compiler?
https://jp.mathworks.com/support/search.html/videos/matlab-compiler-overview-92528.html?s_tid=srchtitle

Q3-2-1-5 Deep learning において「Simulink」を使うケースを教えてください。

A3-2-1-5

ヘルプ センター
https://jp.mathworks.com/help/

の検索システムにおいて，「入力：Deep learning Simulink」「絞り込み条件：例」で検索して具体例を確認できる。難易度からして，本書を読まれた後に，Deep learning において「Simulink」を使うことを推奨する。

Q3-2-1-6 Deep learning において「Parallel Computing Tool Box」を使うケースを教えてください。

A3-2-1-6　「Parallel Computing Tool Box」の概要については，以下のページに記載されている。

Parallel Computing Toolbox 入門
https://jp.mathworks.com/help/parallel-computing/getting-started-with-parallel-computing-toolbox.html

そして

ヘルプ センター
https://jp.mathworks.com/help/

の検索システムにおいて，「入力：Deep learning Parallel Computing Tool Box」「絞り込み条件：例」で検索して具体例を確認できる。難易度からして，本書を読まれた後に，Deep learningにおいて「Parallel Computing Tool Box」を使うことを推奨する。

Q3-2-1-7　Deep learningにおいてクラウドコンピューティングを利用するための説明を閲覧する方法を教えてください。

A3-2-1-7

ヘルプ センター
https://jp.mathworks.com/help/

の検索システムにおいて，「入力：Deep learning クラウドコンピューティング」で検索して閲覧できる。難易度からして，本書を読まれた後に, Deep learning において「クラウドコンピューティング」を使うことを推奨する。

Q3-2-1-8 「実験マネージャー」の説明を閲覧する方法を教えてください。

A3-2-1-8 以下のページに説明が記載されている。

実験マネージャー
https://jp.mathworks.com/help/deeplearning/ref/experimentmanager-app.html

Q3-2-1-9 「MATLAB リリース ノート」を閲覧する方法を教えてください。

A3-2-1-9 以下のページに説明が記載されている。MATLAB は年二回更新されている。バグの修正も随時行われている。

MATLAB リリース ノート
https://jp.mathworks.com/help/matlab/release-notes.html

3.2.2 例 1：深層学習を使用した Web カメラ イメージの分類

https://jp.mathworks.com/help/deeplearning/ug/classify-images-from-webcam-using-deep-learning.html

Q3-2-2-1　学習用の各画像には，1つの対象物が表示され，1つのクラスラベルが割り当てられているのか？　複数の対象物が表示されている学習用画像はないのか？

A3-2-2-1　GoogLeNetは，ImageNetデータセット[†1]またはPlaces365[†2,†3]データセットのいずれかで学習させた事前学習済みのネットワークである。これらのデータセットに含まれる各画像には，複数の対象物が表示されているのが一般的である。

Q3-2-2-2　各層のプロパティの確認方法を教えてください。

A3-2-2-2　ワークスペースの変数lgraph.Layersを表示して確認できる。

3.2.3　例2：新しいイメージを分類するための深層学習ネットワークの学習

https://jp.mathworks.com/help/deeplearning/ug/train-deep-learning-network-to-classify-new-images.html

Q3-2-3-1　転移学習や認識用の画像を，使用する事前学習済みのネットワーク（以下のサイトで例示）用の所定のサイズに変換する方法を教えてください。

〈例〉

---

†1　ImageNet：http://www.image-net.org

†2　B Zhou, A. Khosla, A. Lapedriza, A. Torralba and A. Oliva: Places: An image database for deep scene understanding, arXiv preprint arXiv:1610.02055（2016）

†3　Places：http://places2.csail.mit.edu/

事前学習済みの深層ニューラルネットワーク

https://jp.mathworks.com/help/deeplearning/ug/pretrained-convolutional-neural-networks.html#mw_45a8c0b2-26fa-48e9-905a-a7ed7b87bfc8

A3-2-3-1　拡張イメージ データストアを使用して転移学習や認識用の画像のサイズを自動的に変更することができる。詳しくは以下のサイトに記載されている。

イメージの深層学習向け前処理

https://jp.mathworks.com/help/deeplearning/ug/preprocess-images-for-deep-learning.html

Q3-2-3-2　analyzeNetwork の使用方法の説明を閲覧する方法を教えてください。

A3-2-3-2　以下のサイトに記載されている。

analyzeNetwork

https://jp.mathworks.com/help/deeplearning/ref/analyzenetwork.html

Q3-2-3-3　「クラス確率」について説明してください。

A3-2-3-3　クラス確率は，事象や現象を分類する際に，どのクラスに分類されているかの確からしさの度合いである。ネットワークの最終層の各ユニットが各クラスに対応付けられており，その出力値（全クラスでの合計値を 1 に規格化している）をクラス確率と呼んでいる。

Q3-2-3-4　「損失値」について説明してください。

A3-2-3-4　モデルの損失関数の定義についての説明が以下のページに記載されている。「損失値」はモデルで決まる予測値と正解値との間の誤差である。

> **カスタム学習ループを使用したネットワークの学習**
>
> https://jp.mathworks.com/help/deeplearning/ug/train-network-using-custom-training-loop.html

Q3-2-3-5　「予測ラベル」について説明してください。

A3-2-3-5　ニューラルネットワークが予測したクラス名である。出力層のニューロン（MATLAB での表記に合わせるため，以下では「ユニット」と表記）が各クラスに対応付けられており，その出力値が一番大きいユニットに対応付けられたクラスが予測したクラスである。

Q3-2-3-6　「全結合層」について説明してください。

A3-2-3-6　全結合層では，1つ上流の層の全ユニットから当該層の各ユニットへの入力ベクトルに重み行列を乗算し，バイアス ベクトルを加算する計算を行う。ニューラルネットワークでは一般的な層であり，初期のニューラルネットワークから使われている。

Q3-2-3-7　「1 × 1 畳み込み層」について説明してください。

A3-2-3-7　1行1列のフィルターを用いる畳み込み層を意味する表記である。

Q3-2-3-8　「フィルターをもつ新しい畳み込み層」について説明してください。

A3-2-3-8　畳み込みニューラルネットワークの層のフィルターなどの指定については，以下のページに記載されている。

> **畳み込みニューラル ネットワークの層の指定**
>
> https://jp.mathworks.com/help/deeplearning/ug/layers-of-a-convolutional-neural-network.html

Q3-2-3-9　「学習率」について説明してください。

A3-2-3-9　ニューラルネット ワークの学習（最適化問題の近似最適解を求める計算に属す）で用いられる最急降下法では，シナプス結合荷重（MATLABでの表記では「Weight」）およびしきい値（MATLABでの表記では「Bias」（ただし，符号が逆））の補正量を求める際に，補正の程度を調整するために用いる係数を「学習率」と呼んでいる。学習率の設定は，ニューラルネットワークを用いて最適化問題の良好な近似最適解を得る上で非常に重要で，学習率を大きくしすぎると発散したり，小さくしすぎると収束が遅くなったりすることもある。良好な近似最適解を得るには，学習率を種々変更して複数の条件で計算したり，計算の過程で学習率の値を小さくしたりする工夫も行われている。

Q3-2-3-10　「データ拡張」について説明してください。

A3-2-3-10　ディープラーニングにおいては，学習データ数がネットワークの性能に大きく影響するため，データ拡張でデータ数を増やすことが通常行われている。imageDataAugmenter で行うイメージデータ拡張については以下のページに記載されている。

imageDataAugmenter
https://jp.mathworks.com/help/deeplearning/ref/imagedataaugmenter.html

Q3-2-3-11　「エポック」について説明してください。

A3-2-3-11　エポックとは学習回数を表す単位で，学習用のデータセットを何回用いて学習するかを表している。

3.2.4　例 3：イメージ分類用の残差ネットワークの学習

https://jp.mathworks.com/help/deeplearning/ug/train-residual-network-for-image-classification.html

Q3-2-4-1 「ミニバッチ サイズ」について説明してください。

A3-2-4-1 ミニバッチ サイズは，損失関数の勾配を評価し，重みを更新するために使用される学習用データセットの部分集合のデータ数である。

3.2.5 例 4：深層学習を使用した時系列予測

https://jp.mathworks.com/help/deeplearning/ug/time-series-forecasting-using-deep-learning.html

Q3-2-5-1 この例における「シーケンス」について説明してください。

A3-2-5-1 順番に並んだ一続きのデータを「シーケンス」と呼んでいる。

Q3-2-5-2 ニューラルネットワークの学習における「学習の発散」について説明してください。

A3-2-5-2 学習の過程で，パラメータ（Weight, Bias）の更新が小さくなることを「学習の収束」というのに対し，パラメータの更新が大きくなることを「学習の発散」という。

Q3-2-5-3 「データの標準化」について説明してください。

A3-2-5-3 標準化とは，属性の異なるデータを入力や分析などで用いるための方法で，同じ属性のデータ内で，平均値を引いた値を標準偏差で割ることでデータを標準化する。標準化後のデータは，同じ属性のデータ内で，平均値0，標準偏差が1のデータとなる。

Q3-2-5-4　「学習データの過適合」について説明してください。

A3-2-5-4　学習データに対して認識，識別結果が良好であるが，学習データ以外のデータに対しては，認識，識別結果が大きく劣る状況をいう。

Q3-2-5-5　「回帰層」について説明してください。

A3-2-5-5　回帰層では，回帰タスクの半平均二乗誤差損失を計算する。回帰層の説明は以下のページに記載されている。

畳み込みニューラル ネットワークの層の指定

https://jp.mathworks.com/help/deeplearning/ug/layers-of-a-convolutional-neural-network.html#mw_ad6f0a9d-9cc7-4e57-9102-0204f1f13e99

Q3-2-5-6　「Adam最適化」について説明してください。

A3-2-5-6　最適化手法の1つで，ニューラルネットワークの学習におけるパラメータ（Weight, Bias）の近似最適化で広く用いられている。学習率の選択が確率的勾配降下法より比較的容易だという特徴がある[†]。

† 岡谷貴之：深層学習 改訂第2版，講談社（2022）

Q3-2-5-7　この例における「パディング」について説明してください。

A3-2-5-7　シーケンスが同じ長さになるように0などのデータを加えることである。

4章　MATLABによるディープラーニング演習

本章では，MATLABのモジュールを用いてディープニューラルネットワークを体験する。1，2章でニューロンからディープラーニングに至るまでの基礎概念を学び，3章でMATLABのモジュールを用いたディープニューラルネットワークの世界を垣間見て興味をもっていただいたことと拝察する。

本章では，ディープニューラルネットワークのプログラムの作成，諸条件での実行，各種ツールの使用体験，に際して下記の心構えで進めいただきたい。

① ねらいと問題だけを読んで解答を作成するのは初心者には容易でない。

② 各演習問題で，指定した参考例を必ず実行し，当該演習問題を解くに必要な部分の理解をしてから解答を作成すること。それ以外の部分を含め，AI技術者としての力量が増すという利点があるので，引用・参考文献，参考例を可能な範囲で広く理解していただきたい。

③ 解答の作成が容易でないと判断した場合は，ヒントを読んで再度チャレンジすること。それでも解答できないと判断した場合は，解説も参照して解答例を理解すること。理解が難しい場合は，引用・参考文献，参考例において当該演習問題を解くに必要な個所の理解をできる範囲で行い，次の演習問題に進むこと。

④ 問題がプログラム作成の場合，プログラムができたら，実行できることを確認した後に，解答例と照合すること。

⑤ 条件（A）と（B）が記された演習問題においては，（A）はライブスクリプト形式のプログラム作成能力を，（B）は実行ファイルを作成する準備段階のスクリプト形式のプログラム作成能力を，それぞれ育成することを目的としている。ディープニューラルネットワークの実用化に際しては，実行ファイル作成のためのツールはMATLABに用意されているが，本書では実行ファイル作成の演習は対象外とした。

ゴール

MATLABを用いてディープニューラルネットワークを自ら使えることを実感する！そして，使いたくなる！

4.1 画　像　認　識

本節では，ディープニューラルネットワークを用いて画像認識を行うための基礎を，演習を通じて体得する。「何ができるか」「何ができないか」から始め，最低限必要な MATLAB のモジュールの使用方法を習得する。

演習問題 4.1.1

本問題のねらい

ディープ ネットワーク デザイナーを使用せずに，事前学習済みのネットワークを用いた画像認識を行う。ディープラーニングで「何ができるか」「何ができないか」を体感する。

問　題

ImageNet[1)]データセットで学習させた GoogLeNet[2)] を用いて，ディープ ネットワーク デザイナーを使用せずに，新たに自分で用意した画像（データセットのクラスリスト[3)] に含まれるクラスの画像 1 枚，含まれない画像 1 枚）を認識し，認識結果を出力するプログラムを，以下の（A),（B）の条件で作成しなさい。

必ず，参考例①，②が実行できることを確認した後にこの演習問題のプログラム作成を行うこと。プログラムの作成過程で必要が生じた場合は，文献 4),5)，参考例③も参照すること。

条　件

（A） ライブスクリプトで作成，ライブエディターに認識結果（認識画像，予測クラスと画像がそれらのクラスをもつ予測確率）を出力する。

（B） スクリプトで作成，ファイルに認識結果（予測クラスと画像がそれらのクラスをもつ予測確率）を出力する（筆者は，解答例のプログラムの実行ファイルも作成して動作確認している）。

引用・参考文献

1） ImageNet：http://www.image-net.org

2） googlenet：https://jp.mathworks.com/help/deeplearning/ref/googlenet.html

3） IMAGENET 1000 Class List：https://deeplearning.cms.waikato.ac.nz/user-guide/class-maps/IMAGENET/

4） GoogLeNetを使用したイメージの分類：https://jp.mathworks.com/help/deeplearning/ug/classify-image-using-googlenet.html

5） 事前学習済みの深層ニューラルネットワーク：https://jp.mathworks.com/help/deeplearning/ug/pretrained-convolutional-neural-networks.html#mw_45a8c0b2-26fa-48e9-905a-a7ed7b87bfc8

参考例

① Imread

https://jp.mathworks.com/help/matlab/ref/imread.html

② GoogLeNetを使用したイメージの分類[4]

https://jp.mathworks.com/help/deeplearning/ug/classify-image-using-googlenet.html

③ 新しいイメージを分類するための深層学習ネットワークの学習

https://jp.mathworks.com/help/deeplearning/ug/train-deep-learning-network-to-classify-new-images.html

演習問題 4.1.2

本問題のねらい

ディープ ネットワーク デザイナーを使用して，事前学習済みのネットワークを用いた画像認識を行う。ディープラーニングで「何ができるか」「何ができないか」を体感する。そして，ディープ ネットワーク デザイナーを体験する。

問　題

ImageNet[1] データセットで学習させたSqueezeNet[2] を用いて，新たに自分で用意した画像（データセットのクラスリスト[3] に含まれるクラスの画像1枚，含まれない画像1枚）の認識結果を出力するプログラムを，以下の（A），（B）の条件で作成しなさい。プログラムの作成には，ディープ ネットワーク デザイナーを使用しなさい。必ず，参考例③，④，⑤，⑥が実行できることを確認した後にこの演習問題のプログラム作成を行うこと。プログラムの作成過程で必要が生じた場合は，参考例①，②も参照すること。

条　件

（A）ライブスクリプトで作成，ライブエディターに認識結果（認識画像，予測クラスと画像がそれらのクラスをもつ予測確率）を出力する。

（B）スクリプトで作成，ファイルに認識結果（予測クラスと画像がそれらのクラスをもつ予測確率）を出力する（筆者は，解答例のプログラムの実行ファイルも作成して動作確認している)。

引用・参考文献

1) ImageNet：http://www.image-net.org

2) squeezenet：https://jp.mathworks.com/help/deeplearning/ref/squeezenet.html

3) IMAGENET 1000 Class List：https://deeplearning.cms.waikato.ac.nz/user-guide/class-maps/IMAGENET/

参考例

① Imread

https://jp.mathworks.com/help/matlab/ref/imread.html

② 新しいイメージを分類するための深層学習ネットワークの学習

https://jp.mathworks.com/help/deeplearning/ug/train-deep-learning-network-to-classify-new-images.html

③ ディープ ネットワーク デザイナー入門

https://jp.mathworks.com/help/deeplearning/gs/get-started-with-deep-network-designer.html

④　ディープ ネットワーク デザイナーを使用したシンプルなイメージ分類ネットワークの作成

https://jp.mathworks.com/help/deeplearning/gs/create-simple-image-classification-network-using-deep-network-designer.html

⑤　ディープ ネットワーク デザイナーを使用したシンプルなシーケンス分類ネットワークの作成

https://jp.mathworks.com/help/deeplearning/gs/create-simple-sequence-classification-network.html

⑥　ディープ ネットワークデザイナーを使用した転移学習

https://jp.mathworks.com/help/deeplearning/ug/transfer-learning-with-deep-network-designer.html

演習問題 4.1.3

本問題のねらい

画像認識用の学習データ作成に必須のラベリングツール（イメージラベラー[1)]）の使用方法を体得する（文献2）～4）の理解は応用力を身に着けるのに役立つ）。

問　題

複数のクラスの対象物が各々画像上に存在する2枚の画像を自ら準備しなさい。その後，それらの画像に対して，MATLABのイメージラベラーを用いて，各対象物の領域を四角で囲んでラベルを付け，1つのセッションとして保存しなさい。

引用・参考文献

1）イメージラベラー：https://jp.mathworks.com/help/vision/ref/imagelabeler-app.html

2）深層学習を使用したオブジェクト検出入門：https://jp.mathworks.com/help/vision/ug/getting-started-with-object-detection-using-deep-learning.html

3）オブジェクト検出およびセマンティック セグメンテーション用の学習データ：https://jp.mathworks.com/help/vision/ug/training-data-for-object-detection-and-semantic-segmentation.html

4）ラベル付きのグラウンド トゥルース データの共有と保存：https://jp.mathworks.com/help/vision/ug/share-and-store-labeled-ground-truth-data.html

演習問題 4.1.4

本問題のねらい

動画の画像認識用の学習データ作成に必須のラベリングツール（ビデオラベラー[1]）の使用方法を体得する。

問　題

複数のクラス（自動車，人物等）の対象物が動画に出現する1枚の動画を自ら準備しなさい。その後，その画像に対して，MATLABのビデオラベラーを用いて，各対象物の領域を四角で囲んでラベルを付け，1つのセッションとして保存しなさい。ラベリングの自動化には時相内挿のアルゴリズムを用いなさい。解答の作成過程で必要が生じた場合は，文献2）～4）も参照すること。

引用・参考文献

1）ビデオラベラー：https://jp.mathworks.com/help/vision/ref/videolabeler-app.html
2）グラウンド トゥルースのラベル付けを始める：https://jp.mathworks.com/help/driving/ref/groundtruthlabeler-app.html
3）グランドトゥルースラベラーの使用開始：https://jp.mathworks.com/help/driving/ug/get-started-with-the-ground-truth-labeler.html
4）オブジェクト検出およびセマンティック セグメンテーション用の学習データ：https://jp.mathworks.com/help/vision/ug/training-data-for-object-detection-and-semantic-segmentation.html

演習問題 4.1.5

本問題のねらい

ディープラーニングにおいては，学習データ数がネットワークの性能に大きく影響するため，データ拡張でデータ数を増やすことは必須である。そこで，単純な濃淡画像を例に学習データ拡張のツール（imageDataAugmenter[1]）の使用方法を体得する。

問　題

以下の処理を順次行うプログラムをライブスクリプトで作成しなさい。

1．`[XTrain,YTrain] = digitTrain4DArrayData;` を用いて，このデータを，$28 \times 28 \times 1 \times 5000$ の配列 `XTrain`，ラベル（0,1,3,4,5,6,7,8,9）が含まれるベクトル `YTrain` に代入する。

ここで，digitTrain4DArrayDataは，手書き数字の合成イメージの学習セットを4次元配列データとして読み込む。28 × 28は画像サイズ，1はチャネル数，5 000は画像数である。

2．その後，imageDataAugmenterを用いて，これらの画像に，範囲[-10,10]度のランダムな角度での回転，範囲［0.9,1.1］のランダムなスケール係数でのサイズ変更，水平方向および垂直方向に最大3ピクセルまでのランダムな平行移動を施す。

3．画像サイズを84 × 84に変換したイメージデータストアの最初の8個の画像とラベルを表示する。

ここで，イメージデータストアの作成にはaugmentedImageDatastore[2]を，画像の表示にはpreview[3]を用いなさい。必ず，参考例①が実行できることを確認した後にこの演習問題のプログラム作成を行うこと。プログラムの作成過程で必要が生じた場合は，文献4）も参照すること。

引用・参考文献

1）imageDataAugmenter：https://jp.mathworks.com/help/deeplearning/ref/imagedataaugmenter.html

2）augmentedImageDatastore：https://jp.mathworks.com/help/deeplearning/ref/augmentedimagedatastore.html

3）preview：https://jp.mathworks.com/help/matlab/ref/matlab.io.text.delimitedtextimportoptions.preview.html

4）trainNetwork：https://jp.mathworks.com/help/deeplearning/ref/trainnetwork.html

参考例

① imageDataAugmenter[1]

https://jp.mathworks.com/help/deeplearning/ref/imagedataaugmenter.html

---

演習問題 4.1.6

本問題のねらい

ディープラーニングでは，学習データ数がネットワークの性能に大きく影響するため，データ拡張でデータ数を増やすことは必須である。そこで，単純なカラー画像（MathWorks Merch データセット[1]）を例に学習データ拡張のツール（imageDataAugmenter[2]）の使用方法を体得する。

問　題

以下の処理を順次行うプログラムをライブスクリプトで作成しなさい。

1.
```
unzip('MerchData.zip');
  imds = imageDatastore('MerchData', ...
         'IncludeSubfolders',true, ...
        'LabelSource','foldernames');
```
を用いて，画像を解凍してイメージデータストアとして読み込む。ここで，データセットには 75 枚の画像が含まれている。

2. その後，imageDataAugmenter を用いて，これらの画像に，範囲［0,360］度のランダムな角度での回転，範囲［0.5,1.5］のランダムなスケール係数でのサイズ変更，水平方向および垂直方向に最大 50 ピクセルまでのランダムな平行移動を施し，画像サイズを 84 × 84 に変換したイメージデータストアの最初の 8 個の画像とラベルを表示する。

ここで，イメージデータストアの作成には augmentedImageDatastore[3] を，画像の表示にはpreview[4]を用いなさい。必ず，参考例②が実行できることを確認した後にこの演習問題のプログラム作成を行うこと。プログラムの作成過程で必要が生じた場合は，文献5)，参考例①も参照すること。

引用・参考文献

1）深層学習用のデータセット：https://jp.mathworks.com/help/deeplearning/ug/data-sets-for-deep-learning.html

2）imageDataAugmenter：https://jp.mathworks.com/help/deeplearning/ref/imagedataaugmenter.html

3）augmentedImageDatastore：https://jp.mathworks.com/help/deeplearning/ref/augmentedimagedatastore.html

4）preview：https://jp.mathworks.com/help/matlab/ref/matlab.io.text.delimitedtextimportoptions.preview.html

5）trainNetwork：https://jp.mathworks.com/help/deeplearning/ref/trainnetwork.html

参考例

① imageDataAugmenter[2]

https://jp.mathworks.com/help/deeplearning/ref/imagedataaugmenter.html

② 新しいイメージを分類するための深層学習ネットワークの学習

https://jp.mathworks.com/help/deeplearning/ug/train-deep-learning-network-to-classify-new-images.html

演習問題 4.1.7

本問題のねらい

転移学習は実用性が高い。ディープ ネットワーク デザイナーを使用して，事前学習済みのネットワークを基にした転移学習を用いた画像認識の方法を体得する。

問　題

以下の処理を順次行うプログラムをライブスクリプトで作成しなさい。

1. ImageNet[1] データセットで学習させたSqueezeNet[2] を基に，新しい一連の画像（MathWorks Merch データセット[3]：5つのクラス（“cap”，“cube”，“playing cards”，“screwdriver”，“torch”），各15枚の画像からなる）（MerchData フォルダーの中に格納）から1つのクラス（“torch”）を除いた画像が格納されたMerchData_4classes フォルダーの画像を用いて転移学習を行い，20%を検証用（ランダム化あり）に用いて，その分類精度を表示する。
2. その際，転移学習に用いる画像に対して実行するデータ拡張では，X軸方向のランダムな反転，Y軸方向のランダムな反転，範囲［0,360］度のランダムな角度での回転，範囲［0.5,1.5］のランダムなスケール係数でのサイズ変更，水平方向に最大50ピクセルまでのランダムな平行移動，を施す。
3. そして，学習オプションの条件において，参考例②の条件を転移学習のクラス数が4であることを考慮して変更する。
4. その後，MerchData フォルダの各クラス1枚（計5枚）の画像を，予測ラベルと画像がそれらのラベルをもつ予測確率と共に表示する。

必ず，参考例②が実行できることを確認した後にこの演習問題のプログラム作成を行うこと。プログラムの作成過程で必要が生じた場合は，参考例①も参照すること。

また，後出する演習問題4.1.14と比較するため，3回転移学習を行い，そのうち一番検証精度の高い場合の学習プロットを画像として保存し，かつ，ワークスペース変数の保存[4] をしておくこと。

引用・参考文献

1） ImageNet：http://www.image-net.org

2） squeezenet：https://jp.mathworks.com/help/deeplearning/ref/squeezenet.html

3） 深層学習用のデータセット：https://jp.mathworks.com/help/deeplearning/ug/data-sets-for-deep-learning.html

4） ワークスペース変数の保存と読み込み：https://jp.mathworks.com/help/matlab/matlab_env/save-load-and-delete-workspace-variables.html

参考例

① 転移学習入門

https://jp.mathworks.com/help/deeplearning/gs/get-started-with-transfer-learning.html

② ディープ ネットワーク デザイナーを使用した転移学習

https://jp.mathworks.com/help/deeplearning/ug/transfer-learning-with-deep-network-designer.html

演習問題 4.1.8

本問題のねらい

転移学習は実用性が高い。ディープ ネットワーク デザイナーを使用して，事前学習済みのネットワークを基にした転移学習を用いた画像認識の方法を体得する。

問　題

以下の処理を順次行うプログラムをライブスクリプトで作成しなさい。

1. ImageNet[1] データセットで学習させたGoogLeNet[2] を基に，新しい一連の画像（MathWorks Merch データセット[3]：5つのクラス（“cap”, “cube”, “playing cards”, “screwdriver”, “torch”），各15枚の画像からなる）（MerchData フォルダーの中に格納）の画像を用いて転移学習を行い，20％を検証用に用いてその分類精度を表示する。
2. その際，転移学習対象画像に対して実行するデータ拡張では，範囲［0,360］度のランダムな角度での回転，範囲［0.5,1.5］のランダムなスケール係数でのサイズ変更，水平方向および垂直方向に最大50ピクセルまでのランダムな平行移動，を施す。
3. その後，各クラスの1枚の検証用画像（計5枚）を，予測ラベルと画像がそれらのラベルをもつ予測確率と共に表示する。

必ず，参考例②，③が実行できることを確認した後にこの演習問題のプログラム作成を行うこと。プログラムの作成過程で必要が生じた場合は，参考例①，④も参照すること。

引用・参考文献

1) ImageNet：http://www.image-net.org
2) googlenet：https://jp.mathworks.com/help/deeplearning/ref/googlenet.html
3) 深層学習用のデータセット：https://jp.mathworks.com/help/deeplearning/

ug/data-sets-for-deep-learning.html

参考例

① 転移学習入門

https://jp.mathworks.com/help/deeplearning/gs/get-started-with-transfer-learning.html

② 新しいイメージを分類するための深層学習ネットワークの学習

https://jp.mathworks.com/help/deeplearning/ug/train-deep-learning-network-to-classify-new-images.html

③ ディープ ネットワーク デザイナーを使用した転移学習

https://jp.mathworks.com/help/deeplearning/ug/transfer-learning-with-deep-network-designer.html

④ 事前学習済みのネットワークを使用した転移学習

https://jp.mathworks.com/help/deeplearning/ug/transfer-learning-using-pretrained-network.html

演習問題 4.1.9

本問題のねらい

ディープ ネットワーク デザイナーを使用して，深層学習による分類用の畳み込みニューラルネットワークを作成し，学習を行う方法を体得する。

問　題

ディープ ネットワーク デザイナーを使用して，ディフォルトのパラメータについて下記の変更を施し，次の 1 から 9 の順序で層を結合した畳み込みニューラルネットワークを作成しなさい。

その後，参考例①で用いた学習用画像に対して，検証データの条件とエポックの最大数を参考例①と同じとし，学習プロットを画像として保存しなさい。

1. imageInputLayer（ただし，InputSize プロパティを 28,28,1 に変更）
2. convolution2dLayer
3. batchNormalizationLayer
4. reluLayer
5. maxPooling2dLayer（ただし，PoolSize プロパティを 2,2 に変更）
6. crossChannelNormalizationLayer
7. fullyConnectedLayer（ただし，OutputSize プロパティを 10 に変更）
8. softmaxLayer
9. classificationLayer

必ず，参考例①が実行できることを確認した後にこの演習問題の解答作成を行うこと。また，後出する演習問題 4.1.13 で用いるため，ワークスペース変数の保存[1)]もしておくこと。解答の作成過程で必要が生じた場合は，文献 2）～5）も参照すること。

引用・参考文献

1）ワークスペース変数の保存と読み込み：https://jp.mathworks.com/help/matlab/matlab_env/save-load-and-delete-workspace-variables.html

2）シンプルなイメージ分類ネットワークの作成：https://jp.mathworks.com/help/deeplearning/gs/create-simple-deep-learning-classification-network.html

3）分類用のシンプルな深層学習ネットワークの作成：https://jp.mathworks.com/help/deeplearning/ug/create-simple-deep-learning-network-for-classification.html

4）ディープネットワークデザイナーを使用したシンプルなイメージ分類ネットワークの作成：https://jp.mathworks.com/help/deeplearning/gs/create-simple-image-classification-network-using-deep-network-designer.html

5）深層学習層の一覧：https://jp.mathworks.com/help/deeplearning/ug/list-of-deep-learning-layers.html

参考例

① ディープ ネットワーク デザイナーを使用したシンプルなイメージ分類ネットワークの作成[4)]

https://jp.mathworks.com/help/deeplearning/gs/create-simple-image-classification-network-using-deep-network-designer.html

演習問題 4.1.10

本問題のねらい

ディープ ネットワーク デザイナーを使用して，深層学習による分類用の畳み込みニューラルネットワークを作成し，ネットワーク学習を行う方法を体得する。

問　題

演習問題4.1.9にさらに，「範囲［-10,10］度のランダムな角度での回転，範囲［0.9,1.1］のランダムなスケール係数でのサイズ変更を施す」という条件を付加して学習を行い，学習プロットを画像として保存しなさい。そして，演習問題4.1.9の結果とこの演習問題の結果を比較して特徴的な違いを述べなさい。

演習問題 4.1.11

本問題のねらい

ディープ ネットワーク デザイナーを使用して，深層学習による分類用の畳み込みニューラルネットワークを作成し学習を行う際に，深層化することによる影響を体得する。

問　題

ディープネットワークデザイナーを使用して，ディフォルトのパラメータについて下記の変更を施し，次の条件（a），（b）に記載した順序で層を結合した畳み込みニューラルネットワークをそれぞれ作成しなさい。

その後，参考例①で用いた学習用画像に対して，検証データの条件とエポックの最大数を参考例①と同じとし，条件（a），（b）での学習プロットを画像として保存しなさい。そして，演習問題4.1.9の結果とこの演習問題の結果を比較して特徴的な違いを述べなさい。

条　件

（a）

1．imageInputLayer（ただし，InputSizeプロパティを28,28,1に変更）

2．convolution2dLayer

3．batchNormalizationLayer

4．reluLayer

5．maxPooling2dLayer（ただし，PoolSizeプロパティを2,2に変更）

6．crossChannelNormalizationLayer

7．convolution2dLayer

8．batchNormalizationLayer

9．reluLayer

10．maxPooling2dLayer（ただし，PoolSizeプロパティを2,2に変更）

11．crossChannelNormalizationLayer

12．fullyConnectedLayer（ただし，OutputSizeプロパティを10に変更）

13．softmaxLayer

14．classificationLayer

（b）

1．imageInputLayer（ただし，InputSizeプロパティを28,28,1に変更）

2．convolution2dLayer

3．batchNormalizationLayer

4．reluLayer

5．maxPooling2dLayer（ただし，PoolSizeプロパティを2,2に変更）

6．crossChannelNormalizationLayer

7．convolution2dLayer

8．batchNormalizationLayer

9．reluLayer

10．maxPooling2dLayer（ただし，PoolSizeプロパティを2,2に変更）

11. crossChannelNormalizationLayer
12. convolution2dLayer
13. batchNormalizationLayer
14. reluLayer
15. maxPooling2dLayer（ただし，PoolSize プロパティを 2,2 に変更）
16. crossChannelNormalizationLayer
17. fullyConnectedLayer（ただし，OutputSize プロパティを 10 に変更）
18. softmaxLayer
19. classificationLayer

必ず，参考例①が実行できることを確認した後に，この演習問題の解答作成を行うこと。

参考例

① ディープ ネットワーク デザイナーを使用したシンプルなイメージ分類ネットワークの作成

https://jp.mathworks.com/help/deeplearning/gs/create-simple-image-classification-network-using-deep-network-designer.html

演習問題 4.1.12

本問題のねらい

ディープ ネットワーク デザイナーを使用して，深層学習による分類用の畳み込みニューラルネットワークを作成し学習を行うに際して，エポックの最大数が検証精度に与える影響を体得する。

問　題

演習問題4.1.9の条件において，エポックの最大数を5から10に変更して学習を行い，学習プロットを画像として保存しなさい。そして，演習問題4.1.9の結果とこの演習問題の結果を比較して特徴的な違いを述べなさい。

演習問題 4.1.13

本問題のねらい

ディープ ネットワーク デザイナーを使用して，深層学習による分類用の畳み込みニューラルネットワークを作成し，学習を行う方法において追加学習の影響を体得する。

問　題

演習問題4.1.9で作成し保存しておいたワークスペース変数を，ディープ ネットワーク デザイナーを用いて改めてシステムに読み込みなさい。その後，演習問題4.1.9の学習の条件で追加学習を行い，学習プロットを画像として保存しなさい。そして，演習問題4.1.9の結果とこの演習問題の結果を比較して特徴的な違いを述べなさい。

演習問題 4.1.14

本問題のねらい

転移学習は実用性が高い。ディープ ネットワーク デザイナーを使用して，事前学習済みのネットワークを基にした転移学習を用いた画像認識を行うに際して，学習オプションの値が転移学習に与える影響を体験する。

問　題

演習問題4.1.7で作成し保存しておいたワークスペース変数を，文献1）記載のやり方で，ディープ ネットワーク デザイナーを用いて改めてシステムに読み込み，演習問題 4.1.7 の転移学習の学習オプションの InitialLearnRate の値を 0.000 1 から，（a）0.001,（b）0.000 05 の 2 通りに変更して，それ以外の条件については，演習問題 4.1.7 と同じとして（a),（b）で各 3 回ずつ転移学習を行いなさい。

その後，（a),（b）でそれぞれ一番検証精度の高い場合の学習プロットを画像として保存しなさい。そして，演習問題 4.1.7 の結果とこの演習問題の結果を比較して特徴的な違いを述べなさい。

引用・参考文献

1）ワークスペース変数の保存と読み込み：https://jp.mathworks.com/help/matlab/matlab_env/save-load-and-delete-workspace-variables.html

4.2　LSTM

本節では，長短期記憶（LSTM）ネットワークに学習させて，時系列データなどのシーケンスデータのステップ間の長期的な依存関係を予測する方法，時系列データなどのシーケンスデータを分類する方法，の基礎を演習を通じて体得する。

演習問題 4.2.1

本問題のねらい

LSTM は実用性が高い。ディープ ネットワーク デザイナーを使用して，LSTM のネットワークの深さが学習プロット，時系列データの予測性能に与える影響を体験する。

問　題

参考例①のプログラムにおいて，LSTM の隠れ層の数を，（a）64,（b）128

(参考例①と同じ条件), (c) 256, (d) 512, なる4条件とし，それ以外の条件を参考例①と同じとしてそれぞれの条件でプログラムを実行し，参考例①と同様の出力画像（予測値と学習の時系列のグラフ，予測値とテスト データのグラフ，観測値によるネットワークの状態の更新を行った際の予測値とテストデータのグラフ）をそれぞれ保存しなさい。

そして，これらの出力画像を基に，LSTMの隠れ層の数の特徴的な影響を述べなさい。ここで，MathWorks社提供の参考例①のプログラムにおいて，下記の3行のように，行の先頭にコメントの行であることを意味する表示（%）を追記して実行すること。

```
% subplot(2,1,2)
% xlim([12.78 14.74])
% ylim([2936315 2947753])
```

必ず，参考例①が実行できることを確認した後にこの演習問題の解答作成を行うこと。解答の作成過程で必要が生じた場合は，文献1)～5) も参照すること。

引用・参考文献

1) ディープ ネットワーク デザイナーを使用して時系列予測をネットワークに学習させる：https://jp.mathworks.com/help/deeplearning/ug/time-series-forecasting-using-deep-network-designer.html
2) 長短期記憶ネットワーク：https://jp.mathworks.com/help/deeplearning/ug/long-short-term-memory-networks.html
3) データ ストア入門：https://jp.mathworks.com/help/matlab/import_export/what-is-a-datastore.html
4) arrayDatastore：https://jp.mathworks.com/help/matlab/ref/matlab.io.datastore.arraydatastore.html
5) predictAndUpdateState：https://jp.mathworks.com/help/deeplearning/ref/seriesnetwork.predictandupdatestate.html

参考例

① ディープ ネットワーク デザイナーを使用して時系列予測をネットワークに学習させる[1)]

https://jp.mathworks.com/help/deeplearning/ug/time-series-forecasting-using-deep-network-designer.html

---

演習問題 4.2.2

本問題のねらい

ディープ ネットワーク デザイナーを使用して，LSTM の学習データ量が学習プロット，時系列データの予測性能に与える影響を体験する。

問　題

参考例①のプログラムを基に，データシーケンスの最初の x〔%〕で学習を行い，残りの $(100-x)$〔%〕でテストを行うに際し，x の値を，（a）50,（b）80,（c）90（参考例①と同じ条件),（d）95, なる 4 条件とし，それ以外の条件を参考例①と同じとしてそれぞれの条件でプログラムを実行し，参考例①と同様の出力画像（予測値と学習の時系列のグラフ，予測値とテスト データのグラフ，観測値によるネットワークの状態の更新を行った際の予測値とテスト データのグラフ）をそれぞれ保存しなさい。

そして，これらの出力画像を基に，LSTM の学習データ量の特徴的な影響を述べなさい。ここで，MathWorks 社提供の参考例①のプログラムにおいて，下記の 3 行のように，行の先頭にコメントの行であることを意味する表示（%）を追記して実行すること。

```
% subplot(2,1,2)
% xlim([12.78 14.74])
% ylim([2936315 2947753])
```

必ず，参考例①が実行できることを確認した後にこの演習問題の解答作成を行うこと。解答の作成過程で必要が生じた場合は，文献1）も参照すること。

引用・参考文献

1）ディープ ネットワーク デザイナーを使用して時系列予測をネットワークに学習させる：https://jp.mathworks.com/help/deeplearning/ug/time-series-forecasting-using-deep-network-designer.html

参考例

① ディープ ネットワーク デザイナーを使用して時系列予測をネットワークに学習させる[1]

https://jp.mathworks.com/help/deeplearning/ug/time-series-forecasting-using-deep-network-designer.html

演習問題 4.2.3

本問題のねらい

ディープ ネットワーク デザイナーを使用して，時系列データの予測を体験する。

問　題

参考例①で用いているデータセット chickenpox_dataset を用いる。そして，t 番目までの観測値を用いた学習を行い，t+1 番目の観測値が得られる前に，

t+1 番目以降の観測値の予測を行うものとする（参考例①の場合，t=448)。以下の（a）～（f）の条件をすべて満たすプログラムをライブスクリプトで作成しなさい。

（a） t=448 ～ 457 の計算結果を 1 つのプログラムの 1 回の実行ですべて出力できること。

（b） ディープ ネットワーク デザイナーを用いて参考例①のネットワークを作成し，そのコードを出力して上記プログラムに含めること。その後，そのコードにおける opts において，「, . . . "Plots","training-progress"」を削除すること。

（c） 参考例①において「Forecast」とタイトルされた 2 つのグラフ（予測値と共に学習の時系列プロット，予測値とテストデータの比較（上下 2 つのグラフからなる））を，上記 t の値で区別できるように描画すること。

（d） 参考例①同様，観測値によるネットワークの状態の更新を行う予測値の計算に際し，参考例①において「Forecast with Updates」とタイトルされたグラフ（予測値とテストデータの比較（上下 2 つのグラフからなる））を，上記 t の値で区別できるように描画すること。その描画の前に，グラフ（予測値と共に学習の時系列プロット）を，上記 t の値で区別できるように描画すること。

（e） MathWorks 社提供の参考例①のプログラムにおける，下記の 3 行を上記プログラムに含めないこと。

```
subplot(2,1,2)
xlim([12.78 14.74])
ylim([2936315 2947753])
```

（f） 上記（a）～（e）以外の条件は参考例①と同じにする。

必ず，参考例①が実行できることを確認した後にこの演習問題のプログラム作成を行うこと。プログラムの作成過程で必要が生じた場合は，文献 1) ～ 4) も参照すること。

引用・参考文献

1）ディープ ネットワーク デザイナーを使用して時系列予測をネットワークに学習させる：https://jp.mathworks.com/help/deeplearning/ug/time-series-forecasting-using-deep-network-designer.html
2）ディープ ネットワーク デザイナー：https://jp.mathworks.com/help/deeplearning/ref/deepnetworkdesigner-app.html
3）trainingOptions：https://jp.mathworks.com/help/deeplearning/ref/trainingoptions.html
4）predictAndUpdateState：https://jp.mathworks.com/help/deeplearning/ref/seriesnetwork.predictandupdatestate.html

参考例

① ディープ ネットワーク デザイナーを使用して時系列予測をネットワークに学習させる[1]

https://jp.mathworks.com/help/deeplearning/ug/time-series-forecasting-using-deep-network-designer.html

演習問題 4.2.4

本問題のねらい

ディープ ネットワーク デザイナーを使用して，LSTMのシーケンスデータの各タイムステップを分類する方法を体得する。

問　題

参考例①で用いている行動認識データを読み込み，後述する処理をすべて行うプログラムをライブスクリプトで作成しなさい。

このデータには，体に装着したスマートフォンから得られたセンサーデータの7人分の時系列が含まれている。各シーケンスには3つの異なる方向での加速度センサーの時系列データが保存されており，長さはさまざまである。7人分のうち，6人分を学習用，1人分をテスト用に使用すること。

LSTMネットワークアーキテクチャのlayersの作成にはディープ ネットワーク デザイナーを使用し，dropoutLayerをネットワークに含め，probabilityを0.5とし，それ以外の条件は参考例①と同じとして，コード生成を行い，作成するライブスクリプトに挿入すること。

参考例①を参考にして，1つの学習シーケンス（`XTrain{2}`）の最初の特徴をプロットし，対応する行動に応じてプロットに色を付けすること。

参考例①と同様に，学習オプションを設定し，trainNetworkを使用して学習を行うこと。そして，classifyを使用して認識を行い，6人分の学習用データ，1人分のテスト用データの認識精度を各々算出すること。そして，参考例①と同様に，認識結果とテストデータ（`YTest{1}`）とを図示すること。

必ず，参考例①が実行できることを確認した後にこの演習問題のプログラム作成を行うこと。プログラムの作成過程で必要が生じた場合は，文献1）も参照すること。

引用・参考文献

1）深層学習を使用したsequence-to-sequence分類：https://jp.mathworks.com/help/deeplearning/ug/sequence-to-sequence-classification-using-deep-learning.html

参考例

① 深層学習を使用した sequence-to-sequence 分類[1)]

https://jp.mathworks.com/help/deeplearning/ug/sequence-to-sequence-classification-using-deep-learning.html

4.3 モデルの調整

本節では，複数の条件でネットワークの学習を行い，結果を比較し，使用するモデルを決定するための方法の基礎を演習を通じて体得する。

演習問題 4.3.1

本問題のねらい

転移学習におけるパラメータ選定における実験マネージャーの利用を体験する。

問　題

参考例①において，［**ハイパーパラメーター**］における，"default" を削除し，［**追加**］をクリックし，名前の欄に MaxEpochs，値の欄の［　］の中に 4 8 12 をそれぞれ記入し，［**セットアップ関数**］を編集して，`MaxEpochs=8` を `MaxEpochs= params.MaxEpochs` に書き直して保存すること。

その後，学習と検証を実行し，得られた結果の中から，検証精度の最も高い試行を選択（検証精度が最も高い試行が複数ある場合は，その中から検証誤差が最も低い試行を選択）すること。そして，選択した試行の学習済みネットワーク，学習情報，およびすべての試行の結果をワークスペースにエクスポートし，その3つのワークスペース変数の保存[1]を行うこと。その後，選択した試行の学習プロットと検証結果の混合行列を画像として保存すること。

必ず，参考例①が実行できることを確認した後にこの演習問題の解答作成を行うこと。解答の作成過程で必要が生じた場合は，文献2),3) も参照すること。

引用・参考文献

1) ワークスペース変数の保存と読み込み：https://jp.mathworks.com/help/matlab/matlab_env/save-load-and-delete-workspace-variables.html

2) 実験マネージャー：https://jp.mathworks.com/help/deeplearning/ref/experimentmanager-app.html

3) 分類用の深層学習実験の作成：https://jp.mathworks.com/help/deeplearning/ug/exp-mgr-classification-example.html

参考例

① 分類用の深層学習実験の作成[3]

https://jp.mathworks.com/help/deeplearning/ug/exp-mgr-classification-example.html

演習問題 4.3.2

本問題のねらい

転移学習におけるパラメータ選定におけるディープネットワーク デザイナーを援用した実験マネージャーの利用を体験する。

問　題

参考例①において，ネットワークの学習まで完了させた後，ディープ ネットワーク デザイナーの［**学習**］タブの［**エクスポート**］タブの［**実験の作成**］をクリックする。その後，新規プロジェクトを選択して，［**OK**］をクリックし，新規プロジェクトを保存して，次いで，実験マネージャーが起動する。その後，［**ハイパーパラメーター**］において，名前の欄の myInitialLearnRate および値の欄の［**1e-05 0.0001 0.001**］はそのままにして，［**追加**］をクリックし，名前の欄に Solver，値の欄の［　］の中に"sgdm" "adam"を記入し，［**追加**］をクリックし，名前の欄に MaxEpochs，値の欄の［　］の中に 8 16 24 を記入し，［**セットアップ関数**］を編集して，"sgdm" を params.Solver, "MaxEpoch",8 を"MaxEpochs",params.MaxEpochs に，それぞれ書き直して保存すること。その後，学習と検証を実行すること。そして，得られた結果の中から，検証精度の最も高い試行を選択（検証精度が最も高い試行が複数ある場合は，その中から検証誤差が最も低い試行を選択）すること。その後，選択した試行の学習済みネットワーク，学習情報，およびすべての試行の結果をワークスペースにエクスポートし，その 3 つのワークスペース変数の保存[1)]を行うこと。選択した試行の学習プロットと検証結果の混合行列を画像として保存すること。

必ず，参考例①，②が実行できることを確認した後にこの演習問題の解答作成を行うこと。解答の作成過程で必要が生じた場合は，文献 1）～5）も参照すること。

引用・参考文献

1）　ワークスペース変数の保存と読み込み：https://jp.mathworks.com/help/matlab/matlab_env/save-load-and-delete-workspace-variables.html

2）　ディープ ネットワーク デザイナーを使用した転移学習：https://jp.mathworks.com/help/deeplearning/ug/transfer-learning-with-deep-network-designer.html

3) 分類用の深層学習実験の作成：https://jp.mathworks.com/help/deeplearning/ug/exp-mgr-classification-example.html

4) ディープ ネットワーク デザイナー入門：https://jp.mathworks.com/help/deeplearning/gs/get-started-with-deep-network-designer.html

5) 実験マネージャー：https://jp.mathworks.com/help/deeplearning/ref/experimentmanager-app.html

参考例

① ディープ ネットワーク デザイナーを使用した転移学習[2)]

https://jp.mathworks.com/help/deeplearning/ug/transfer-learning-with-deep-network-designer.html

② 分類用の深層学習実験の作成[3)]

https://jp.mathworks.com/help/deeplearning/ug/exp-mgr-classification-example.html

解答例のプログラム 解凍用パスワード：
F7aj3LiQ

演習問題のヒント

4.1 画 像 認 識

演習問題 4.1.1

1. GoogLeNet ネットワークの入力は224 画素 × 224 画素の RGB 画像である。入力画像はその条件を満たすように予めサイズを変更するとプログラムが簡単になる（MATLAB の中でその変更をすることもできる）。
2. 参考例②[†]の理解がこの演習問題の解法に特に役立つ。
3. 条件（B）においては，プログラム名について先頭英字などの制限があるので注意すること。また，条件（A）のプログラムを基に条件（B）のプログラムの作成を行う際には，条件（A）のプログラムにおけるテキスト行の各先頭に％を挿入すること。
4. 条件（B）においては，実行結果がウィンドウで表示されるので，［**ファイル**］→［**名前を付けて保存**］に進み，ファイル名を記入し，ファイル形式を選択して保存すること。

演習問題 4.1.2

1. SqueezeNet ネットワークの入力は 227 画素 × 227 画素の RGB 画像である。入力画像はその条件を満たすように予めサイズを変更するとプログラムが簡単になる（MATLAB の中でその変更をすることもできる）。
2. ディープ ネットワーク デザイナーを用いて，事前学習済み SqueezeNet ネットワークを用いた転移学習を行う必要がある。
3. 参考例⑥の理解がこの演習問題の解法に特に役立つ。
4. 演習問題 4.1.1 のヒント 3 および 4 を参照すること。

[†] 演習問題のヒントにおける「条件」「引用・参考文献」「参考例」は，特に明記されていない場合，それぞれ対応する演習問題のものを示す。

5. コンパイラが deepNetworkDesigner に対応していないため，実行ファイル作成対象とするためには，deepNetworkDesigner でネットワークを作成して，その後，MATLAB コードに変換すること。ただし，実行ファイル作成対象として使用するために，学習過程の表示は行わないこと。

演習問題 4.1.3

1. 文献 1）の理解がこの演習問題の解法に特に役立つ。
2. アプリセッションの保存は以下の手順で行える。

　［**エクスポート**］の［**ファイルへ**］を選択し，アプリセッションの MAT ファイルを保存する。保存されたセッションには，データソース，ラベル定義，およびラベル付きのグラウンドトゥルースが含まれる。また，アプリのレイアウトなど，セッションの基本設定も含まれている。

演習問題 4.1.4

1. 文献 1）の理解がこの演習問題の解法に特に役立つ。
2. ラベルオートメーションの処理は以下の手順で行える。

　ラベルオートメーションアルゴリズムを使用することで，ラベル付けを高速化できる。ビデオラベラーアプリのメニューの［**アルゴリズムの選択**］をクリックし，［**時想内挿**］を選択する。例とした画像では，ROI ラベルの「Car」を選択し，つぎに［**自動化**］をクリックし，自動化ウィンドウの右側のペインに表示される自動化の指示に従って ROI ラベルを描画する。

　動画のプレビュー下のスライドバーを動かすことで，ROI ラベルを描画するシーンを変更することができるので，少なくとも 2 つのキーフレームに ROI ラベルを描画する。［**実行**］をクリックすると，選択した ROI がその区間で追跡する。

　描画例は解答例に掲載している。

演習問題 4.1.5

1. 参考例①の理解がこの演習問題の解法に特に役立つ。
2. disp[†1] を用いることで，ラベルを表示することができる。

演習問題 4.1.6

1. 文献 3）と参考例②の理解がこの演習問題の解法に特に役立つ。
2. 演習問題 4.1.5 のヒント 2 を参照すること。

演習問題 4.1.7

1. 参考例②の理解がこの演習問題の解法に特に役立つ。
2. 分類精度は，学習の進行状況の表示の中で検証精度として記載される。
3. MerchData_4classes フォルダーをプログラムと同じフォルダーに置かない場合は，パスを指定する必要が生じる。
4. MerchData フォルダーの各クラス 1 枚（計 5 枚）の画像については，パスを指定する必要が生じる。

演習問題 4.1.8

1. 参考例②，③の理解がこの演習問題の解法に特に役立つ。
2. 学習用画像と検証用画像の分割には，splitEachLabel[†2] を用いている。
3. 演習問題 4.1.7 のヒント 2 および 4 を参照すること。
4. 解答例2は，ディープ ネットワーク デザイナーの処理内容の理解に役立つ。

演習問題 4.1.9

1. 参考例①の理解がこの演習問題の解法に特に役立つ。

†1　disp：https://jp.mathworks.com/help/matlab/ref/disp.html
†2　splitEachLabel：https://jp.mathworks.com/help/matlab/ref/matlab.io.datastore.imagedatastore.spliteachlabel.html

演習問題 4.1.10

1. 演習問題 4.1.9 の参考例①の理解がこの演習問題の解法に役立つ。

演習問題 4.1.11

1. 参考例①の理解がこの演習問題の解法に役立つ。

演習問題 4.1.12

1. 演習問題 4.1.9 の参考例①の理解がこの演習問題の解法に役立つ。

演習問題 4.1.13

1. ワークスペース変数の保存と読み込みについては，演習問題 4.1.9 の文献 1）に説明が記載されている。
2. 演習問題 4.1.9 のワークスペース変数を MATLAB のホームの［**データのインポート**］機能を用いて読み込み，その後に，ディープネットワークアナライザーのスタートページの［**ワークスペースから**］の機能を用いて，演習問題4.1.9で学習済みのネットワークを読み込んで，追加学習を行う。
3. 追加学習なので，学習プロットのスタートの精度および損失の値が演習問題 4.1.9 の学習プロットでの最後の精度および損失の値と同じとなる。

演習問題 4.1.14

1. 演習問題 4.1.7 の参考例②の理解がこの演習問題の解法に特に役立つ。
2. 演習問題 4.1.7 のヒント，解答例，解説の理解がこの演習問題の解法に役立つ。
3. 演習問題 4.1.7 で作成し保存しておいたワークスペース変数を［**データのインポート**］より読み込んだ後，ディープ ネットワーク デザイナーを開く。ディープ ネットワーク デザイナーの［**ワークスペースから**］を選択し，ワークスペースからインポートするネットワークを**ヒント図 1** の

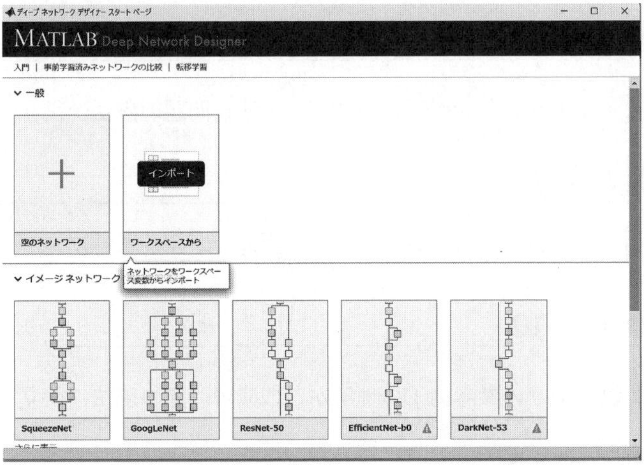

ヒント図 1

ようにして選択する。

新たに学習をやり直すため，演習問題 4.1.7 を参考に，最後の 2 次元畳み込み層を，クラスの数 4 とし，かつ，演習問題 4.1.7 と同じ数のフィルターをもつ新しい 2 次元畳み込み層に置き換える。

4.2 LSTM

演習問題 4.2.1

1. 参考例①の理解がこの演習問題の解法に役立つ。
2. LSTM の隠れ層の数の設定方法を以下に記す。

   ディープ ネットワーク デザイナーの［**デザイナー**］タブを選択し，lstm の層を選択する。右に表示されたプロパティの中から，NumHiddenUnits の値を題意の値に設定して学習を行う。各隠れ層の数ごとに学習済みのネットワークが作成される。隠れ層の数を 64 に設定した場合のディープ ネットワーク デザイナーの設定を**ヒント図 2** に示す。

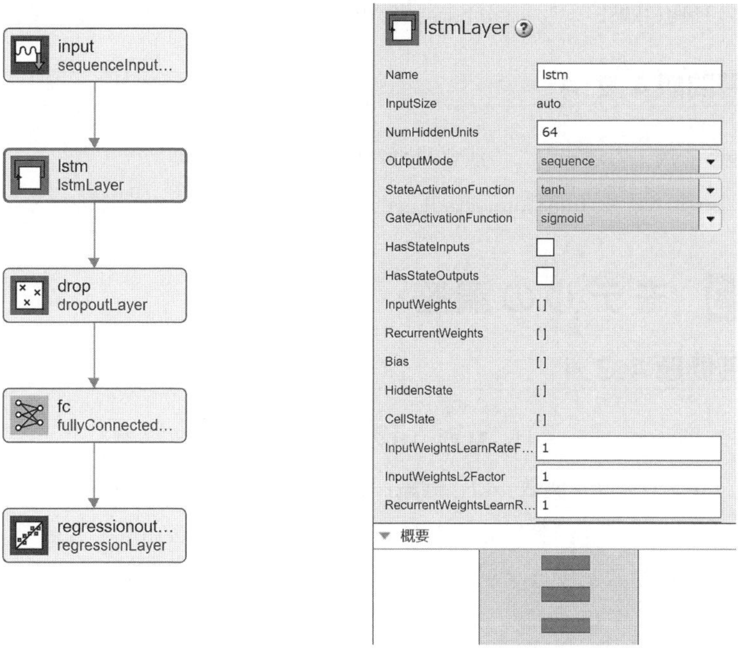

ヒント図 2　NumHiddenUnits を 64 に設定した例

演習問題 4.2.2

1. 参考例①の理解がこの演習問題の解法に役立つ。
2. 参考例①で変更する必要がある箇所は以下の命令のみである。

```
numTimeStepsTrain = floor(0.9*numel(data))
```

　上記は，データシーケンスの最初の x〔%〕で学習を行い，残りの（100 $-x$）〔%〕でテストを行う際の，x=90 の場合（参考例①の条件）である。
3. x の値ごとに学習済みネットワークを作成して，題意のデータを出力させる。

演習問題 4.2.3

1. 参考例①の理解がこの演習問題の解法に特に役立つ。
2. for 文を用いて，1 つずつ学習データを追加して予測を行う。

3.　`title("RMSE = " + sqrt(mean((YPred-YTest).^2)))`は使用できる。

演習問題 4.2.4

1.　参考例①の理解がこの演習問題の解法に特に役立つ。
2.　lstmLayerとfullyConnectedLayerの間にdropoutLayerを挿入する。

4.3　モデルの調整

演習問題 4.3.1

1.　実験マネージャーは，MATLABのアプリの1つである。
2.　［**セットアップ関数**］の［**編集**］をクリックして，ライブエディターで，セットアップ関数におけるDefine Network ArchitectureとSpecify Training Optionsのプログラムの確認を行うこと。

演習問題 4.3.2

1.　ディープ ネットワーク デザイナーは，MATLABのアプリの1つである。
2.　転移学習の対象となる層の設定はネットワークの学習まで完了させた時点で完了している。
3.　［**ハイパーパラメーター**］で指定した各条件でネットワークの学習を改めて行うことになる。
4.　paramsは，実験マネージャーのハイパーパラメーターのフィールドをもつ構造体である。

演習問題の解答例

4.1 画　像　認　識

演習問題 4.1.1

条件（A）

事前学習済みの GoogLeNet ネットワークと ClassNames の読み込み

Layers プロパティの最後の要素である分類出力層の ClassNames プロパティには，GoogLeNet ネットワークによって学習されたクラスの名前が記されている。

```
net=googlenet;
classNames = net.Layers(end).ClassNames;
```

データセットのクラスリストに含まれるクラスの画像の入力

ファイルが現在のフォルダーまたは MATLAB パス上のフォルダーにない場合は，絶対パス名または相対パス名を指定する。GoogLeNet ネットワークの入力は 224 画素 × 224 画素の RGB 画像である。以下の入力画像はその条件を満たすように予めサイズを変更している。MATLAB の中でその変更をすることもできる。

```
I1 = imread('Resized peppers.jpg');
```

入力画像の認識と結果表示

classify を使用して画像を分類し，クラス確率を出力する。このネットワークは画像を bell pepper（ピーマン）と正しく認識する。認識用のネットワークは，画像に複数のオブジェクトが含まれていても各入力画像に対して 1 つのラベルを出力するように学習されている。

```
[label,scores] = classify(net,I1);
figure
imshow(I1)
title(string(label) + ", " + num2str(100*scores(classNames == label),3) + "% ");
```

データセットのクラスリストに含まれない画像の入力

以下の入力画像はGoogLeNetネットワークの入力の条件を満たすように予めサイズ変更している。

```
I2 = imread('Resized MathWorks cube_0.jpg');
```

入力画像の認識と結果表示

classifyを使用して画像を分類し，クラス確率を出力する。このネットワークは画像をparachute（落下傘）と誤認識する。

```
[label,scores] = classify(net,I2);
figure
imshow(I2)
title(string(label) + ", " + num2str(100*scores(classNames == label),3) + "% ");
```

参考例

1. Imreadグラフィックスファイルからイメージを読み込む．
https://jp.mathworks.com/help/matlab/ref/imread.html
2. GoogLeNetを使用したイメージの分類．
https://jp.mathworks.com/help/deeplearning/ug/classify-image-using-googlenet.html

条件（B）（実行ファイル作成と動作確認済）

```
%事前学習済みのGoogLeNet ネットワークとClassNamesの読み込み
% Layers プロパティの最後の要素である分類出力層の ClassNames プロパティには，
GoogLeNetネットワークによって学習されたクラスの名前が記されている。
net=googlenet;
classNames = net.Layers(end).ClassNames;
%データセットのクラスリストに含まれるクラスの画像の入力
%ファイルが現在のフォルダーまたは MATLAB パス上のフォルダーにない場合は，絶対パ
ス名または相対パス名を指定する。GoogLeNetネットワークの入力は224画素×224画素の
RGB画像である。以下の入力画像はその条件を満たすように予めサイズを変更している。
MATLABの中でその変更をすることもできる。
I1 = imread('Resized peppers.jpg');
%入力画像の認識と結果表示
% classify を使用して画像を分類し，クラス確率を出力する。このネットワークは画像
をbell pepper(ピーマン)と正しく認識する。認識用のネットワークは，画像に複数のオブ
ジェクトが含まれていても各入力画像に対して1つのラベルを出力するように学習されてい
る。
[label,scores] = classify(net,I1);
figure
imshow(I1)
title(string(label) + ", " + num2str(100*scores(classNames == label),3) + "% ");
%データセットのクラスリストに含まれない画像の入力
%以下の入力画像はGoogLeNetネットワークの入力の条件を満たすように予めサイズ変更し
ている。
I2 = imread('Resized MathWorks cube_0.jpg');
%入力画像の認識と結果表示
% classify を使用して画像を分類し，クラス確率を出力する。このネットワークは画像
をparachute(落下傘)と誤認識する。
[label,scores] = classify(net,I2);
figure
imshow(I2)
title(string(label) + ", " + num2str(100*scores(classNames == label),3) + "% ");
%参考例
% 1. Imread グラフィックスファイルからイメージを読み込む.
%    https://jp.mathworks.com/help/matlab/ref/imread.html
% 2. GoogLeNet を使用したイメージの分類.
%    https://jp.mathworks.com/help/deeplearning/ug/classify-image-using-
googlenet.html
% Copyright 2022 Yasunari Yoshitomi
```

＜出力ファイル＞

演習問題 4.1.2

条件（A）

転移学習用のデータセットをワークスペースで解凍

ワークスペースで，MathWorks Merch データセットを解凍する。これは，75 個の MathWorks の商品イメージから成るデータセットであり，5 つの異なるクラス（"cap", "cube", "playing cards", "screwdriver", "torch"）からなる。ファイルが現在のフォルダーまたは MATLAB パス上のフォルダーにない場合は，絶対パス名または相対パス名を指定する。

```
unzip('MerchData.zip');
```

事前学習済みの SqueezeNet ネットワークの読み込みと転移学習

ディープ ネットワーク デザイナーで SqueezeNet ネットワークを読み込む。

```
deepNetworkDesigner(squeezenet);
```

しかる後，https://jp.mathworks.com/help/deeplearning/ug/transfer-learning-with-deep-network-designer.html，と同じ条件で，ディープ ネットワーク デザイナーで必要な操作を行うことで転移学習済みの SqueezeNet ネットワーク

trainedNetwork_1 を作成し，ワークスペースにエクスポートする。

ClassNames の読み込み

Layers プロパティの最後の要素である分類出力層の ClassNames プロパティには，SqueezeNet ネットワークを用いて転移学習されたクラスの名前が記されている。

```
classNames = trainedNetwork_1.Layers(end).ClassNames;
```

データセットのクラスリストに含まれるクラスの画像の入力

ファイルが現在のフォルダーまたは MATLAB パス上のフォルダーにない場合は，絶対パス名または相対パス名を指定する。SqueezeNet ネットワークの入力は 227 画素 × 227 画素の RGB 画像である。以下の入力画像はその条件を満たしている。

```
I1 = imread('MathWorks cube_0.jpg');
```

入力画像の認識と結果表示

classify を使用して画像を分類し，クラス確率を出力する。このネットワークは画像を Cube（キューブ）と正しく認識する。認識用のネットワークは，各入力画像に対して 1 つのラベルを出力するように学習されている。

```
[label,scores] = classify(trainedNetwork_1,I1);
figure
imshow(I1)
title(string(label) + ", " + num2str(100*scores(classNames == label),3) + "% ");
```

データセットのクラスリストに含まれない画像の入力

画像を入力して，しかる後，SqueezeNet ネットワークの入力の条件（227 画素 × 227 画素の RGB 画像）を満たすようにサイズを変更している。

```
I2 = imread('peppers.png');
I2 = imresize(I2, [227 227]);
```

入力画像の認識と結果表示

classifyを使用して画像を分類し，クラス確率を出力する。認識用のネットワークは，画像に複数のオブジェクトが含まれていても各入力画像に対して1つのラベルを出力するように学習されている。このネットワークは画像をCube（キューブ）と誤認識する。

```
[label,scores] = classify(trainedNetwork_1,I2);
figure
imshow(I2)
title(string(label) + ", " + num2str(100*scores(classNames == label),3) + "%");
```

参考例

1. ディープネットワークデザイナー入門．

　https://jp.mathworks.com/help/deeplearning/gs/get-started-with-deep-network-designer.html

2. ディープネットワークデザイナーを使用したシンプルなイメージ分類ネットワークの作成．

　https://jp.mathworks.com/help/deeplearning/gs/create-simple-image-classification-network-using-deep-network-designer.html

3. ディープネットワークデザイナーを使用したシンプルなシーケンス分類ネットワークの作成．

　https://jp.mathworks.com/help/deeplearning/gs/create-simple-sequence-classification-network.html

4．ディープネットワークデザイナーを使用した転移学習．

https://jp.mathworks.com/help/deeplearning/ug/transfer-learning-with-deep-network-designer.html

条件（B1）（コンパイラが deepNetworkDesigner に対応していないため実行ファイルの作成は不可）

```
%転移学習用のデータセットをワークスペースで解凍
%ワークスペースで，MathWorks Merchデータセットを解凍する。これは，75個のMathWorks
の商品イメージジから成るデータセットであり，5 つの異なるクラス（"cap"，"cube"，
"playing cards"，"screwdriver"，"torch"）からなる。ファイルが現在のフォルダーまた
は MATLAB パス上のフォルダーにない場合は，絶対パス名または相対パス名を指定する。
unzip('MerchData.zip');
%事前学習済みのSqueezeNet ネットワークの読み込みと転移学習
%ディープネットワークデザイナーでSqueezeNet ネットワークを読み込む。
deepNetworkDesigner(squeezenet);
%しかる後，https://jp.mathworks.com/help/deeplearning/ug/transfer-learning-with-
deep-network-designer.html，と同じ条件で，ディープネットワークデザイナーで必要な
操作を行うことで転移学習済みのSqueezeNet ネットワークtrainedNetwork_1を作成し，
ワークスペースにエクスポートする。
% ClassNamesの読み込み
% Layers プロパティの最後の要素である分類出力層の ClassNames プロパティには，
SqueezeNetネットワークを用いて転移学習されたクラスの名前が記されている。
classNames = trainedNetwork_1.Layers(end).ClassNames;
%データセットのクラスリストに含まれるクラスの画像の入力
%ファイルが現在のフォルダーまたは MATLAB パス上のフォルダーにない場合は，絶対パ
ス名または相対パス名を指定する。SqueezeNetネットワークの入力は227画素×227画素の
RGB画像である。以下の入力画像はその条件を満たしている。
I1 = imread('MathWorks cube_0.jpg');
%入力画像の認識と結果表示
% classify を使用して画像を分類し，クラス確率を出力する。このネットワークは画像
をCube(キューブ)と正しく認識する。認識用のネットワークは，各入力画像に対して 1 つ
のラベルを出力するように学習されている。
[label,scores] = classify(trainedNetwork_1,I1);
figure
imshow(I1)
title(string(label) + ", " + num2str(100*scores(classNames == label),3) + "% ");
%データセットのクラスリストに含まれない画像の入力
%画像を入力して，しかる後，SqueezeNetネットワークの入力の条件(227画素×227画素の
```

```
RGB画像)を満たすようにサイズを変更している。
I2 = imread('peppers.png');
I2 = imresize(I2, [227 227]);
%入力画像の認識と結果表示
% classify  を使用して画像を分類し，クラス確率を出力する。認識用のネットワークは，
画像に複数のオブジェクトが含まれていても各入力画像に対して 1 つのラベルを出力する
ように学習されている。このネットワークは画像をCube(キューブ)と誤認識する。
[label,scores] = classify(trainedNetwork_1,I2);
figure
imshow(I2)
title(string(label) + ", " + num2str(100*scores(classNames == label),3) + "%");
%参考例
%1.ディープネットワークデザイナー入門.
%      https://jp.mathworks.com/help/deeplearning/gs/get-started-with-deep-
network-designer.html
%2.ディープネットワークデザイナーを使用したシンプルなイメージ分類ネットワークの
作成.
%      https://jp.mathworks.com/help/deeplearning/gs/create-simple-image-
classification-network-using-deep-network-designer.html
%3.ディープネットワークデザイナーを使用したシンプルなシーケンス分類ネットワーク
の作成.
%      https://jp.mathworks.com/help/deeplearning/gs/create-simple-sequence-
classification-network.html
%4.ディープネットワークデザイナーを使用した転移学習.
%      https://jp.mathworks.com/help/deeplearning/ug/transfer-learning-with-deep-
network-designer.html
% Copyright 2022 Yasunari Yoshitomi
```

＜出力ファイル＞

条件（B2）（実行ファイル作成と動作確認済）

```
%転移学習用のデータセットをワークスペースで解凍
%ワークスペースで，MathWorks Merch データセットを解凍する。これは，75 個の
MathWorks の商品イメージから成るデータセットであり，5 つの異なるクラス（"cap",
"cube"，"playing cards"，"screwdriver"，"torch"）からなる。ファイルが現在のフォ
ルダーまたは MATLAB パス上のフォルダーにない場合は，絶対パス名または相対パス名
を指定する。
unzip('MerchData.zip');
%事前学習済みのSqueezeNet ネットワークの読み込みと転移学習
%ディープネットワークデザイナーでSqueezeNet ネットワークを読み込み，しかる後，
https://jp.mathworks.com/help/deeplearning/ug/transfer-learning-with-deep-
network-designer.html，と同じ条件で，ディープネットワークデザイナーで必要な操作
を行うことで転移学習済みのSqueezeNet ネットワークを作成し，下記のMATLABコードに
変換する。
%変換されたMATLABコード(ここから，ただし，実行ファイル作成対象として使用するた
め，学習過程の表示は行わない。)
%初期パラメーターの読み込み
%ネットワーク初期化のためのパラメーターを読み込む。ネットワークの初期化パラメー
ターは初期事前学習済みのSqueezeNet ネットワークのパラメーターである。
trainingSetup = load("params_e412B2.mat");
%データのインポート
%学習データと検証データをインポートする。
imdsTrain = imageDatastore("MerchData","IncludeSubfolders",true,"LabelSource",
"foldernames");
[imdsTrain, imdsValidation] = splitEachLabel(imdsTrain,0.7);
%拡張の設定
imageAugmenter = imageDataAugmenter(...
    "RandRotation",[-90 90],...
    "RandScale",[1 2],...
    "RandXReflection",true);
%ネットワークの入力層と一致するようにイメージのサイズを変更する。
augimdsTrain = augmentedImageDatastore([227 227 3],imdsTrain,"DataAugmentation",
imageAugmenter);
augimdsValidation = augmentedImageDatastore([227 227 3],imdsValidation);
%学習オプションの設定
%学習の際に使用されるオプションを指定する。
opts = trainingOptions("sgdm",...
    "ExecutionEnvironment","auto",...
    "InitialLearnRate",0.0001,...
    "MaxEpochs",8,...
    "MiniBatchSize",11,...
    "Shuffle","every-epoch",...
    "ValidationFrequency",5,...
    "ValidationData",augimdsValidation);
%層グラフの作成
```

```
%ネットワーク層を格納するために層グラフの変数を作成する。
lgraph = layerGraph();
%層の分岐の追加
%層グラフにネットワークの分岐を追加する。各分岐は層の線形配列となる。
tempLayers = [
    imageInputLayer([227 227 3],"Name","data","Mean",trainingSetup.data.Mean)
    convolution2dLayer([3 3],64,"Name","conv1","Stride",[2 2],"Bias",
trainingSetup.conv1.Bias,"Weights",trainingSetup.conv1.Weights)
    reluLayer("Name","relu_conv1")
    maxPooling2dLayer([3 3],"Name","pool1","Stride",[2 2])
    convolution2dLayer([1 1],16,"Name","fire2-squeeze1x1","Bias",trainingSetup.
fire2_squeeze1x1.Bias,"Weights",trainingSetup.fire2_squeeze1x1.Weights)
    reluLayer("Name","fire2-relu_squeeze1x1")];
lgraph = addLayers(lgraph,tempLayers);
tempLayers = [
    convolution2dLayer([3 3],64,"Name","fire2-expand3x3","Padding",[1 1 1 1],
"Bias",trainingSetup.fire2_expand3x3.Bias,"Weights",trainingSetup.fire2_
expand3x3.Weights)
    reluLayer("Name","fire2-relu_expand3x3")];
lgraph = addLayers(lgraph,tempLayers);
tempLayers = [
    convolution2dLayer([1 1],64,"Name","fire2-expand1x1","Bias",trainingSetup.
fire2_expand1x1.Bias,"Weights",trainingSetup.fire2_expand1x1.Weights)
    reluLayer("Name","fire2-relu_expand1x1")];
lgraph = addLayers(lgraph,tempLayers);
tempLayers = [
    depthConcatenationLayer(2,"Name","fire2-concat")
    convolution2dLayer([1 1],16,"Name","fire3-squeeze1x1","Bias",trainingSetup.
fire3_squeeze1x1.Bias,"Weights",trainingSetup.fire3_squeeze1x1.Weights)
    reluLayer("Name","fire3-relu_squeeze1x1")];
lgraph = addLayers(lgraph,tempLayers);
tempLayers = [
    convolution2dLayer([1 1],64,"Name","fire3-expand1x1","Bias",trainingSetup.
fire3_expand1x1.Bias,"Weights",trainingSetup.fire3_expand1x1.Weights)
    reluLayer("Name","fire3-relu_expand1x1")];
lgraph = addLayers(lgraph,tempLayers);
tempLayers = [
    convolution2dLayer([3 3],64,"Name","fire3-expand3x3","Padding",[1 1 1 1],
"Bias",trainingSetup.fire3_expand3x3.Bias,"Weights",trainingSetup.fire3_
expand3x3.Weights)
    reluLayer("Name","fire3-relu_expand3x3")];
lgraph = addLayers(lgraph,tempLayers);
tempLayers = [
    depthConcatenationLayer(2,"Name","fire3-concat")
    maxPooling2dLayer([3 3],"Name","pool3","Padding",[0 1 0 1],"Stride",[2 2])
```

```
    convolution2dLayer([1 1],32,"Name","fire4-squeeze1x1","Bias",trainingSetup.
fire4_squeeze1x1.Bias,"Weights",trainingSetup.fire4_squeeze1x1.Weights)
    reluLayer("Name","fire4-relu_squeeze1x1")];
lgraph = addLayers(lgraph,tempLayers);
tempLayers = [
    convolution2dLayer([1 1],128,"Name","fire4-expand1x1","Bias",trainingSetup.
fire4_expand1x1.Bias,"Weights",trainingSetup.fire4_expand1x1.Weights)
    reluLayer("Name","fire4-relu_expand1x1")];
lgraph = addLayers(lgraph,tempLayers);
tempLayers = [
    convolution2dLayer([3 3],128,"Name","fire4-expand3x3","Padding",[1 1 1 1],
"Bias",trainingSetup.fire4_expand3x3.Bias,"Weights",trainingSetup.fire4_
expand3x3.Weights)
    reluLayer("Name","fire4-relu_expand3x3")];
lgraph = addLayers(lgraph,tempLayers);
tempLayers = [
    depthConcatenationLayer(2,"Name","fire4-concat")
    convolution2dLayer([1 1],32,"Name","fire5-squeeze1x1","Bias",trainingSetup.
fire5_squeeze1x1.Bias,"Weights",trainingSetup.fire5_squeeze1x1.Weights)
    reluLayer("Name","fire5-relu_squeeze1x1")];
lgraph = addLayers(lgraph,tempLayers);
tempLayers = [
    convolution2dLayer([1 1],128,"Name","fire5-expand1x1","Bias",trainingSetup.
fire5_expand1x1.Bias,"Weights",trainingSetup.fire5_expand1x1.Weights)
    reluLayer("Name","fire5-relu_expand1x1")];
lgraph = addLayers(lgraph,tempLayers);
tempLayers = [
    convolution2dLayer([3 3],128,"Name","fire5-expand3x3","Padding",[1 1 1 1],
"Bias",trainingSetup.fire5_expand3x3.Bias,"Weights",trainingSetup.fire5_
expand3x3.Weights)
    reluLayer("Name","fire5-relu_expand3x3")];
lgraph = addLayers(lgraph,tempLayers);
tempLayers = [
    depthConcatenationLayer(2,"Name","fire5-concat")
    maxPooling2dLayer([3 3],"Name","pool5","Padding",[0 1 0 1],"Stride",[2 2])
    convolution2dLayer([1 1],48,"Name","fire6-squeeze1x1","Bias",trainingSetup.
fire6_squeeze1x1.Bias,"Weights",trainingSetup.fire6_squeeze1x1.Weights)
    reluLayer("Name","fire6-relu_squeeze1x1")];
lgraph = addLayers(lgraph,tempLayers);
tempLayers = [
    convolution2dLayer([3 3],192,"Name","fire6-expand3x3","Padding",[1 1 1 1],
"Bias",trainingSetup.fire6_expand3x3.Bias,"Weights",trainingSetup.fire6_
expand3x3.Weights)
    reluLayer("Name","fire6-relu_expand3x3")];
lgraph = addLayers(lgraph,tempLayers);
```

```
tempLayers = [
    convolution2dLayer([1 1],192,"Name","fire6-expand1x1","Bias",trainingSetup.
fire6_expand1x1.Bias,"Weights",trainingSetup.fire6_expand1x1.Weights)
    reluLayer("Name","fire6-relu_expand1x1")];
lgraph = addLayers(lgraph,tempLayers);
tempLayers = [
    depthConcatenationLayer(2,"Name","fire6-concat")
    convolution2dLayer([1 1],48,"Name","fire7-squeeze1x1","Bias",trainingSetup.
fire7_squeeze1x1.Bias,"Weights",trainingSetup.fire7_squeeze1x1.Weights)
    reluLayer("Name","fire7-relu_squeeze1x1")];
lgraph = addLayers(lgraph,tempLayers);
tempLayers = [
    convolution2dLayer([3 3],192,"Name","fire7-expand3x3","Padding",[1 1 1 1],
"Bias",trainingSetup.fire7_expand3x3.Bias,"Weights",trainingSetup.fire7_
expand3x3.Weights)
    reluLayer("Name","fire7-relu_expand3x3")];
lgraph = addLayers(lgraph,tempLayers);
tempLayers = [
    convolution2dLayer([1 1],192,"Name","fire7-expand1x1","Bias",trainingSetup.
fire7_expand1x1.Bias,"Weights",trainingSetup.fire7_expand1x1.Weights)
    reluLayer("Name","fire7-relu_expand1x1")];
lgraph = addLayers(lgraph,tempLayers);
tempLayers = [
    depthConcatenationLayer(2,"Name","fire7-concat")
    convolution2dLayer([1 1],64,"Name","fire8-squeeze1x1","Bias",trainingSetup.
fire8_squeeze1x1.Bias,"Weights",trainingSetup.fire8_squeeze1x1.Weights)
    reluLayer("Name","fire8-relu_squeeze1x1")];
lgraph = addLayers(lgraph,tempLayers);
tempLayers = [
    convolution2dLayer([3 3],256,"Name","fire8-expand3x3","Padding",[1 1 1 1],
"Bias",trainingSetup.fire8_expand3x3.Bias,"Weights",trainingSetup.fire8_
expand3x3.Weights)
    reluLayer("Name","fire8-relu_expand3x3")];
lgraph = addLayers(lgraph,tempLayers);
tempLayers = [
    convolution2dLayer([1 1],256,"Name","fire8-expand1x1","Bias",trainingSetup.
fire8_expand1x1.Bias,"Weights",trainingSetup.fire8_expand1x1.Weights)
    reluLayer("Name","fire8-relu_expand1x1")];
lgraph = addLayers(lgraph,tempLayers);
tempLayers = [
    depthConcatenationLayer(2,"Name","fire8-concat")
    convolution2dLayer([1 1],64,"Name","fire9-squeeze1x1","Bias",trainingSetup.
fire9_squeeze1x1.Bias,"Weights",trainingSetup.fire9_squeeze1x1.Weights)
    reluLayer("Name","fire9-relu_squeeze1x1")];
lgraph = addLayers(lgraph,tempLayers);
```

```
templayers = [
    convolution2dLayer([1 1],256,"Name","fire9-expand1x1","Bias",trainingSetup.
fire9_expand1x1.Bias,"Weights",trainingSetup.fire9_expand1x1.Weights)
    reluLayer("Name","fire9-relu_expand1x1")];
lgraph = addLayers(lgraph,tempLayers);
tempLayers = [
    convolution2dLayer([3 3],256,"Name","fire9-expand3x3","Padding",[1 1 1 1],
"Bias",trainingSetup.fire9_expand3x3.Bias,"Weights",trainingSetup.fire9_
expand3x3.Weights)
    reluLayer("Name","fire9-relu_expand3x3")];
lgraph = addLayers(lgraph,tempLayers);
tempLayers = [
    depthConcatenationLayer(2,"Name","fire9-concat")
    dropoutLayer(0.5,"Name","drop9")
    convolution2dLayer([1 1],5,"Name","conv","BiasLearnRateFactor",10,"Padding","
same","WeightLearnRateFactor",10)
    reluLayer("Name","relu_conv10")
    globalAveragePooling2dLayer("Name","pool10")
    softmaxLayer("Name","prob")
    classificationLayer("Name","classoutput")];
lgraph = addLayers(lgraph,tempLayers);
% 補助変数のクリーンアップ
clear tempLayers;
%層の分岐の接続
%ネットワークのすべての分岐を接続し，ネットワークグラフを作成する。
lgraph = connectLayers(lgraph,"fire2-relu_squeeze1x1","fire2-expand3x3");
lgraph = connectLayers(lgraph,"fire2-relu_squeeze1x1","fire2-expand1x1");
lgraph = connectLayers(lgraph,"fire2-relu_expand1x1","fire2-concat/in1");
lgraph = connectLayers(lgraph,"fire2-relu_expand3x3","fire2-concat/in2");
lgraph = connectLayers(lgraph,"fire3-relu_squeeze1x1","fire3-expand1x1");
lgraph = connectLayers(lgraph,"fire3-relu_squeeze1x1","fire3-expand3x3");
lgraph = connectLayers(lgraph,"fire3-relu_expand1x1","fire3-concat/in1");
lgraph = connectLayers(lgraph,"fire3-relu_expand3x3","fire3-concat/in2");
lgraph = connectLayers(lgraph,"fire4-relu_squeeze1x1","fire4-expand1x1");
lgraph = connectLayers(lgraph,"fire4-relu_squeeze1x1","fire4-expand3x3");
lgraph = connectLayers(lgraph,"fire4-relu_expand3x3","fire4-concat/in2");
lgraph = connectLayers(lgraph,"fire4-relu_expand1x1","fire4-concat/in1");
lgraph = connectLayers(lgraph,"fire5-relu_squeeze1x1","fire5-expand1x1");
lgraph = connectLayers(lgraph,"fire5-relu_squeeze1x1","fire5-expand3x3");
lgraph = connectLayers(lgraph,"fire5-relu_expand1x1","fire5-concat/in1");
lgraph = connectLayers(lgraph,"fire5-relu_expand3x3","fire5-concat/in2");
lgraph = connectLayers(lgraph,"fire6-relu_squeeze1x1","fire6-expand3x3");
lgraph = connectLayers(lgraph,"fire6-relu_squeeze1x1","fire6-expand1x1");
lgraph = connectLayers(lgraph,"fire6-relu_expand3x3","fire6-concat/in2");
lgraph = connectLayers(lgraph,"fire6-relu_expand1x1","fire6-concat/in1");
```

```
lgraph = connectLayers(lgraph,"fire7-relu_squeeze1x1","fire7-expand3x3");
lgraph = connectLayers(lgraph,"fire7-relu_squeeze1x1","fire7-expand1x1");
lgraph = connectLayers(lgraph,"fire7-relu_expand3x3","fire7-concat/in2");
lgraph = connectLayers(lgraph,"fire7-relu_expand1x1","fire7-concat/in1");
lgraph = connectLayers(lgraph,"fire8-relu_squeeze1x1","fire8-expand3x3");
lgraph = connectLayers(lgraph,"fire8-relu_squeeze1x1","fire8-expand1x1");
lgraph = connectLayers(lgraph,"fire8-relu_expand3x3","fire8-concat/in2");
lgraph = connectLayers(lgraph,"fire8-relu_expand1x1","fire8-concat/in1");
lgraph = connectLayers(lgraph,"fire9-relu_squeeze1x1","fire9-expand1x1");
lgraph = connectLayers(lgraph,"fire9-relu_squeeze1x1","fire9-expand3x3");
lgraph = connectLayers(lgraph,"fire9-relu_expand1x1","fire9-concat/in1");
lgraph = connectLayers(lgraph,"fire9-relu_expand3x3","fire9-concat/in2");
%ネットワークの学習
%指定したオプションと学習データを使用してネットワークを学習させる。
[net, traininfo] = trainNetwork(augimdsTrain,lgraph,opts);
%変換されたMATLABコード(ここまで)
% ClassNamesの読み込み
% Layers プロパティの最後の要素である分類出力層の ClassNames プロパティには，
SqueezeNetネットワークを用いて転移学習されたクラスの名前が記されている。
classNames = net.Layers(end).ClassNames;
%データセットのクラスリストに含まれるクラスの画像の入力
%ファイルが現在のフォルダーまたは MATLAB パス上のフォルダーにない場合は，絶対パ
ス名または相対パス名を指定する。SqueezeNetネットワークの入力は227画素×227画素の
RGB画像である。以下の入力画像はその条件を満たしている。
I1 = imread('MathWorks cube_0.jpg');
%入力画像の認識と結果表示
% classify を使用して画像を分類し，クラス確率を出力する。このネットワークは画像
をCube(キューブ)と正しく認識する。認識用のネットワークは，各入力画像に対して 1 つ
のラベルを出力するように学習されている。
[label,scores] = classify(net,I1);
figure
imshow(I1)
title(string(label) + ", " + num2str(100*scores(classNames == label),3) + "% ");
%データセットのクラスリストに含まれない画像の入力
%画像を入力して，しかる後，SqueezeNetネットワークの入力の条件(227画素×227画素の
RGB画像)を満たすようにサイズを変更している。
I2 = imread('peppers.png');
I2 = imresize(I2, [227 227]);
%入力画像の認識と結果表示
% classify を使用して画像を分類し，クラス確率を出力する。認識用のネットワークは，
画像に複数のオブジェクトが含まれていても各入力画像に対して 1 つのラベルを出力する
ように学習されている。このネットワークは画像をCube(キューブ)と誤認識する。
[label,scores] = classify(net,I2);
figure
imshow(I2)
```

```
title(string(label) + ", " + num2str(100*scores(classNames == label),3) + "% ");
%参考例
%1.ディープネットワークデザイナー入門.
%       https://jp.mathworks.com/help/deeplearning/gs/get-started-with-deep-
network-designer.html
%2.ディープネットワークデザイナーを使用したシンプルなイメージ分類ネットワークの
作成.
%       https://jp.mathworks.com/help/deeplearning/gs/create-simple-image-
classification-network-using-deep-network-designer.html
%3.ディープネットワークデザイナーを使用したシンプルなシーケンス分類ネットワーク
の作成.
%       https://jp.mathworks.com/help/deeplearning/gs/create-simple-sequence-
classification-network.html
%4.ディープネットワークデザイナーを使用した転移学習.
%       https://jp.mathworks.com/help/deeplearning/ug/transfer-learning-with-deep-
network-designer.html
% Copyright 2022 Yasunari Yoshitomi
```

＜出力ファイル＞

演習問題 4.1.3

Cambridge University の CamVid データセット（http://mi.eng.cam.ac.uk/research/projects/VideoRec/CamVid/）に含まれている 0016E5_05310.png と 0016E5_08033.png というファイル名の2枚の画像を用いて ROI を作成した例

を以下に示す。解答例のセッションの保存については，解説に記載した。

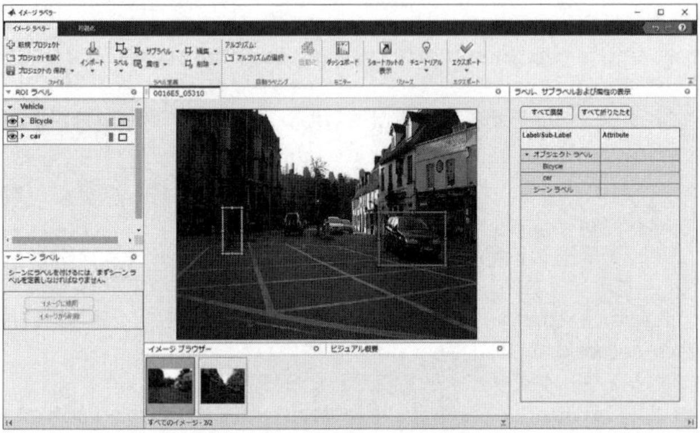

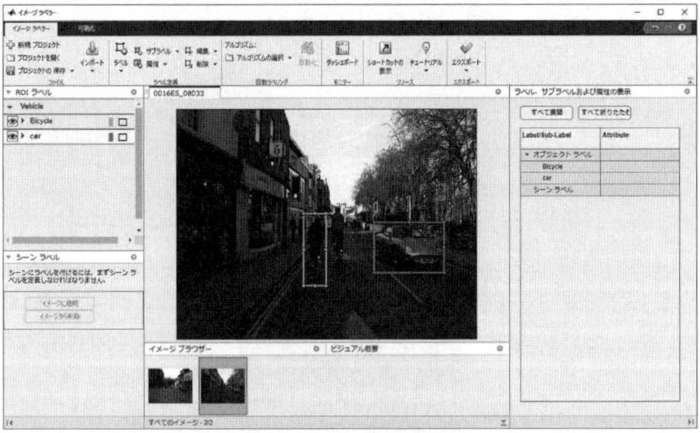

演習問題 4.1.4

MATLAB が提供している traffic.avi いうファイル名の画像を用いて，題意のセッションのファイルを作成して保存した。作成に至る手順は解説に記載した。

演習問題 4.1.5

画像データとラベルの代入

digitTrain4DArrayData は，手書き数字のデータセットを 4 次元配列データとして読み込む。そして，`XTrain` に 28 x 28 x 1 x 5000 の配列，`YTrain` にラベル（0,1,3,4,5,6,7,8,9）が含まれるベクトルを代入する。

```
[XTrain,YTrain] = digitTrain4DArrayData;
```

イメージ データ オーグメンターを使用して拡張イメージ データストアを作成

範囲［-10,10］度のランダムな角度での回転，範囲［0.9,1.1］のランダムなスケール係数でのサイズ変更，水平方向および垂直方向に最大3ピクセルまでのランダムな平行移動を施し，画像サイズを84 x 84に変換したイメージデータストアを作成する。

```
augmenter = imageDataAugmenter( ...
    'RandRotation',[-10 10], ...
    'RandScale',[0.9 1.1],'RandXTranslation',[-3 3],'RandYTranslation',[-3 3])
augmenter =
  imageDataAugmenter のプロパティ：
            FillValue: 0
       RandXReflection: 0
       RandYReflection: 0
          RandRotation: [-10 10]
             RandScale: [0.9000 1.1000]
            RandXScale: [1 1]
            RandYScale: [1 1]
            RandXShear: [0 0]
            RandYShear: [0 0]
      RandXTranslation: [-3 3]
      RandYTranslation: [-3 3]
imageSize = [84 84 1];
auimds = augmentedImageDatastore(imageSize,XTrain,YTrain,'DataAugmentation',augme
nter)
auimds =
  augmentedImageDatastore のプロパティ：
         NumObservations: 5000
           MiniBatchSize: 128
        DataAugmentation: [1×1 imageDataAugmenter]
      ColorPreprocessing: 'none'
              OutputSize: [84 84]
          OutputSizeMode: 'resize'
    DispatchInBackground: 0
```

イメージデータストアの最初の8個の画像とラベルを表示

```
minibatch = preview(auimds);
imshow(imtile(minibatch.input));
```

```
label=minibatch.response;
disp(label);
     3
     3
     7
     7
     7
     7
     9
     9
```

参考例

1. imageDataAugmenter.

https://jp.mathworks.com/help/deeplearning/ref/imagedataaugmenter.html

Copyright 2022 Yasunari Yoshitomi

演習問題 4.1.6

画像データの読み込み

画像を解凍してイメージデータストアとして読み込む。ここで，データセットには75枚の画像が含まれている。

```
unzip('MerchData.zip');
imds = imageDatastore('MerchData', ...
    'IncludeSubfolders',true, ...
    'LabelSource','foldernames');
```

イメージ データ オーグメンターを使用して拡張イメージ データストアを作成

範囲［0,360］度のランダムな角度での回転，範囲［0.5,1.5］のランダムなスケール係数でのサイズ変更，水平方向および垂直方向に最大50ピクセルまでのランダムな平行移動を施し，画像サイズを 84 x 84 に変換したイメージデータストアを作成する。

```
rotationRange = [0 360];
scaleRange = [0.5 1.5];
pixelRange = [-50 50];
augmenter = imageDataAugmenter( ...
    'RandRotation',rotationRange, ...
'RandScale',scaleRange,'RandXTranslation',pixelRange,'RandYTranslation',pixelRan
ge);
imageSize = [84 84 1];
auimds = augmentedImageDatastore(imageSize,imds,'DataAugmentation',augmenter);
```

イメージ データストアの最初の 8 個の画像とラベルを表示

```
minibatch = preview(auimds);
imshow(imtile(minibatch.input));
```

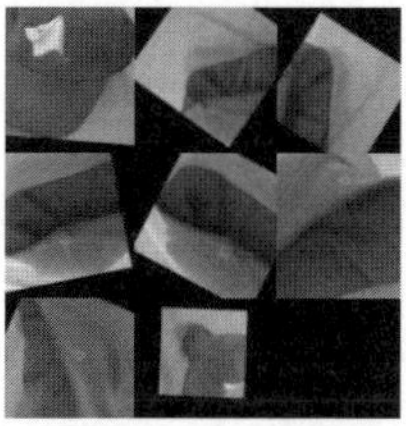

```
label=minibatch.response;
disp(label);
     MathWorks Cap
     MathWorks Cap
     MathWorks Cap
     MathWorks Cap
     MathWorks Cap
     MathWorks Cap
     MathWorks Cap
     MathWorks Cap
```

参考例

1. 新しいイメージを分類するための深層学習ネットワークの学習.

   https://jp.mathworks.com/help/deeplearning/ug/train-deep-learning-network-to-classify-new-images.html

演習問題 4.1.7

事前学習済みの SqueezeNet ネットワークの選択

ディープ ネットワーク デザイナーを開き（［**アプリ**］タブを選択してディープ ネットワーク デザイナーをクリックすることでもネットワーク デザイナーを起動することができる），事前学習済みネットワークの一覧から［**SqueezeNet**］を選択し，［**開く**］をクリックする。

```
deepNetworkDesigner
```

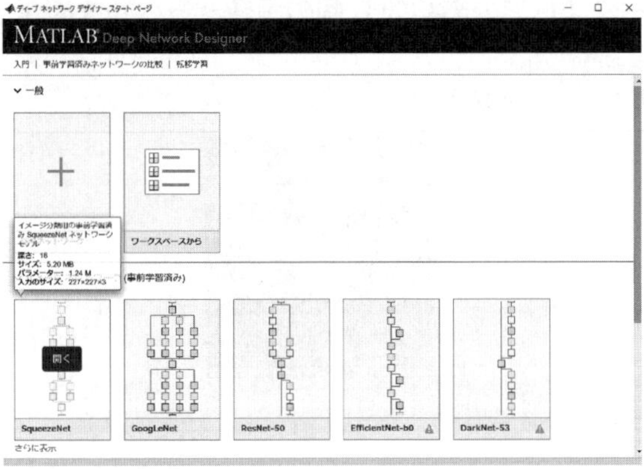

ディープ ネットワーク デザイナーの［**デザイナー**］ペインにネットワーク全体が縮小表示される。

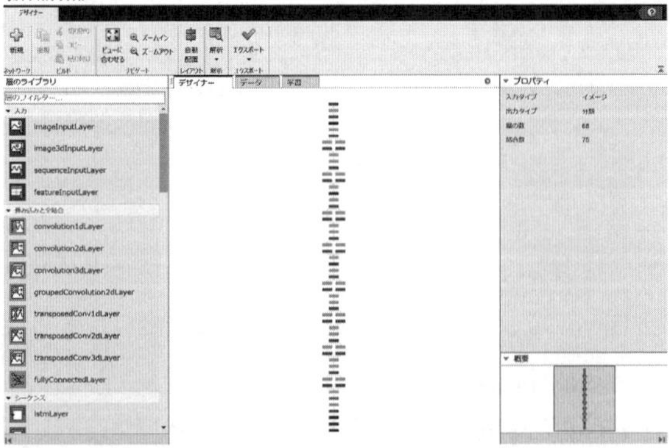

データのワークスペースへのインポートとデータ拡張

ディープ ネットワーク デザイナーの［**データ**］タブで，［**データのインポート**］，［**イメージ データのインポート**］をクリックすると，［**イメージ データのインポート**］ダイアログ ボックスが開く。

［**データ ソース**］リストの［**フォルダー**］を選択し，［**参照**］をクリックし，MerchData_4classes フォルダーを選択する。画像データ 20％を検証用（ランダム化あり）に用いて転移学習に用いる。画像データに対して実行するデータ拡張では，X 軸方向のランダムな反転，Y 軸方向のランダムな反転，範囲［0, 360］度のランダムな角度での回転，範囲［0.5,1.5］のランダムなスケール係数でのサイズ変更，水平方向および垂直方向に最大 50 ピクセルまでのランダムな平行移動，を施す。

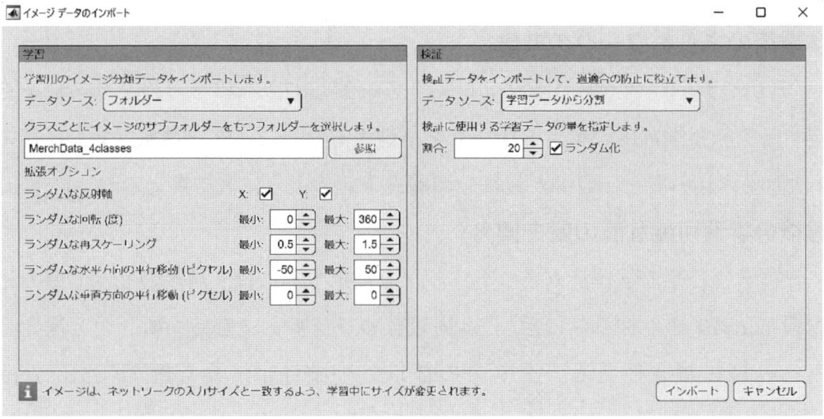

［**インポート**］をクリックして，ディープ ネットワーク デザイナーにデータをインポートする。

データの可視化

［**データ**］タブにある学習データと検証データの分布を表示する。この例では，データセットにクラスが 4 つあることが確認でき，各クラスからのランダムな画像データを表示する。

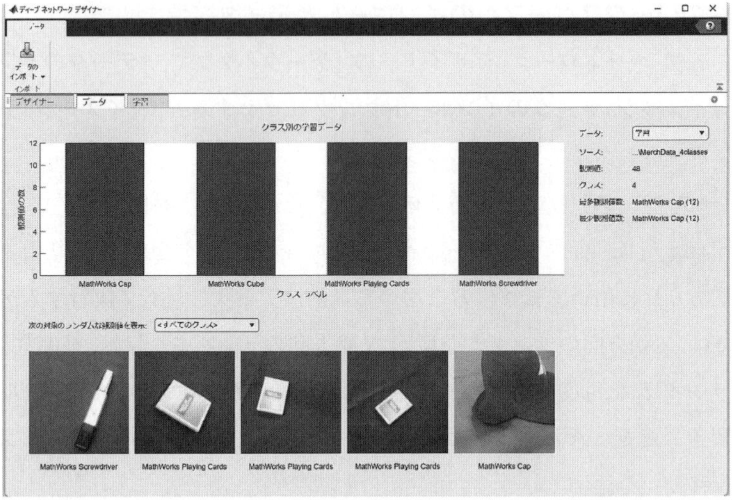

学習用のネットワークの準備

［デザイナー］ペインのネットワークを編集して，転移学習のクラス数を指定する。転移学習用のネットワークを準備するために，学習対象である最後の2次元畳み込み層 'conv10' と最終分類層を下記のように置き換える。

最後の学習可能な層の置き換え

転移学習に事前学習済みネットワークを使用するには，最後の2次元畳み込み層 'conv10' を，クラスの数”4”と同じ数のフィルターを持つ新しい2次元畳み込み層に置き換える。クラスの数以外の条件は，参考例②（https://jp.mathworks.com/help/deeplearning/ug/transfer-learning-with-deep-network-designer.html）と同じとした。ディープ ネットワーク デザイナーのインタラクティブな操作についても，参考例②を参照のこと。

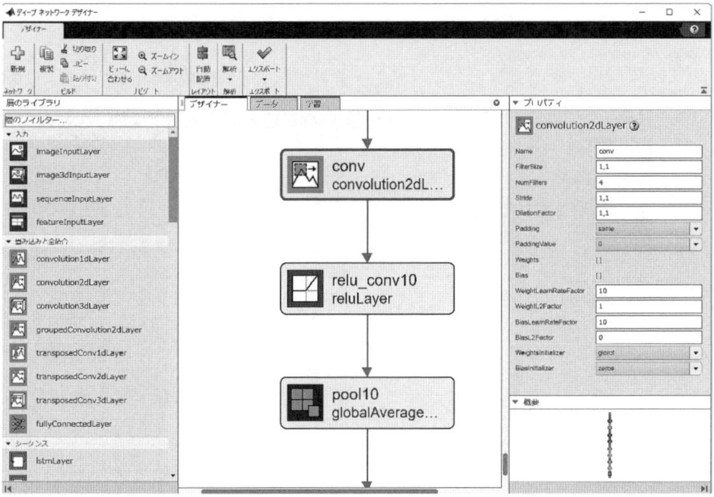

出力層の置き換え

元の分類層 classificationLayer を削除して，新しい分類層 'classoutput' に置き換える。

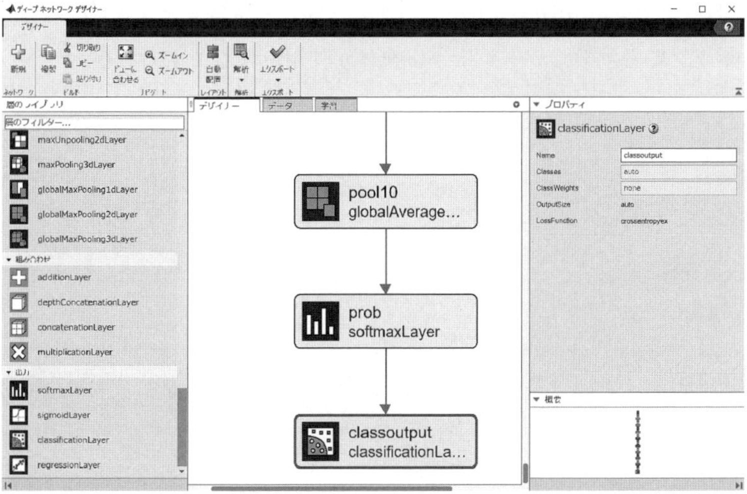

ネットワークの確認

［**解析**］をクリックする。エラー 0 の場合は，編集したネットワークの学習の準備が整っている。

ネットワークの学習

［**学習**］タブの［**学習オプション**］をクリックし，**InitialLearnRate** を 0.0001 に，**ValidationFrequency** を 4 に，**MaxEpochs** を 8 に設定する。観測値が 48 個あるため，**MiniBatchSize** を 12 に設定して学習データを均等に分け，各エポックで必ず学習データ セット全体が使用されるようにする。

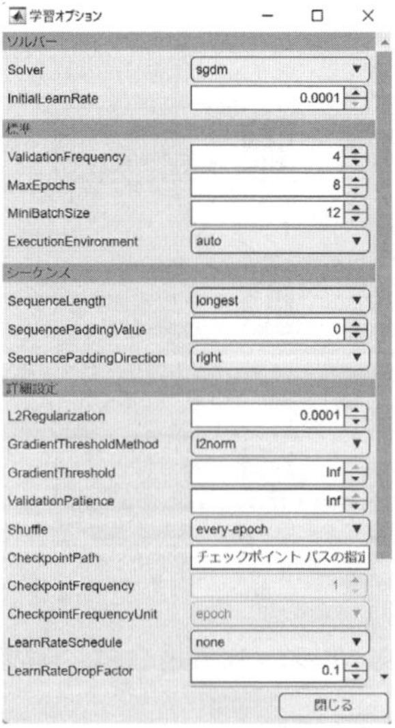

［**閉じる**］をクリックしてから［**学習**］をクリックする。

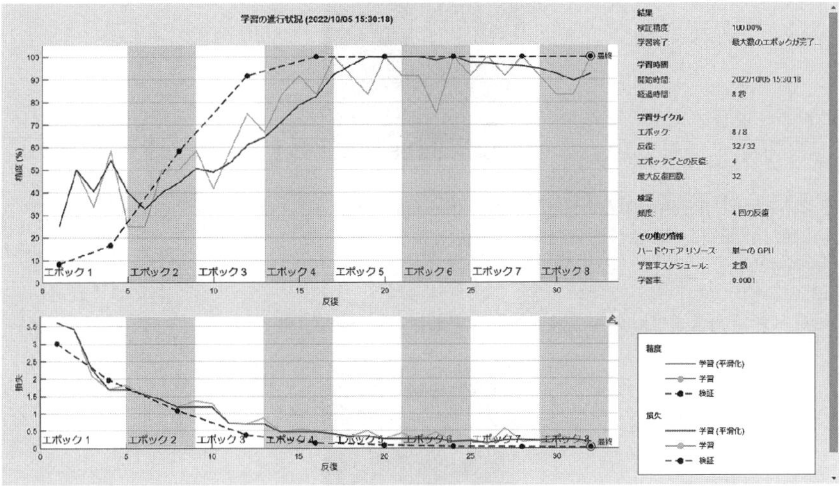

結果のエクスポート

［**学習**］タブの［**エクスポート**］,［**学習済みネットワークと結果のエクスポート**］を選択し，ワークスペースに，学習済みネットワークを表す変数 trainedNetwork_1，学習情報を表す変数 trainInfoStruct_1 をエクスポートする。

入力画像の認識と結果表示

MerchData フォルダの各クラス 1 枚（計 5 枚）の画像を読み込み，学習済みネットワークを使用して分類する。

ネットワークの入力サイズとテスト用の画像のサイズが同じなので，テスト用の画像サイズ変更する必要はない。

転移学習に用いた 4 つのクラス（"cap"，"cube"，"playing cards"，"screwdriver"）の画像については，正しく認識した。

```
I = imread("MerchData¥MathWorks Cap¥Hat_0.jpg");
[YPred,probs] = classify(trainedNetwork_1,I);
imshow(I)
label = YPred;
title(string(label) + ", " + num2str(100*max(probs),3) + "% ");
```

MathWorks Cap, 100%

```
I = imread("MerchData¥MathWorks Cube¥MathWorks cube_0.jpg");
[YPred,probs] = classify(trainedNetwork_1,I);
imshow(I)
label = YPred;
title(string(label) + ", " + num2str(100*max(probs),3) + "%");
```

MathWorks Cube, 100%

```
I = imread("MerchData¥MathWorks Playing Cards¥MOV_1692_8.jpg");
[YPred,probs] = classify(trainedNetwork_1,I);
imshow(I)
label = YPred;
title(string(label) + ", " + num2str(100*max(probs),3) + "%");
```

MathWorks Playing Cards, 99.1%

```
I = imread("MerchData¥MathWorks Screwdriver¥MOV_1720_0.jpg");
[YPred,probs] = classify(trainedNetwork_1,I);
imshow(I)
label = YPred;
title(string(label) + ", " + num2str(100*max(probs),3) + "%");
```

転移学習に用いなかったクラス（"torch"）の画像を "screwdriver" と誤認識し，比較的低い予測確率を出力した。

```
I = imread("MerchData¥MathWorks Torch¥VIDEO0042_0.jpg");
[YPred,probs] = classify(trainedNetwork_1,I);
imshow(I)
label = YPred;
title(string(label) + ", " + num2str(100*max(probs),3) + "% ");
```

参考例

1. ディープネットワークデザイナーを使用した転移学習.

   https://jp.mathworks.com/help/deeplearning/ug/transfer-learning-with-deep-network-designer.html

Copyright 2022 Yasunari Yoshitomi

演習問題 4.1.8

解答例 1　ディープ ネットワーク デザイナーを用いて対話的に実行

事前学習済みの GoogLeNet ネットワークの選択

ディープ ネットワーク デザイナーを開き（[**アプリ**] タブを選択してディー

プ ネットワーク デザイナーをクリックすることでもネットワーク デザイナーを起動することができる)，事前学習済みネットワークの一覧から［**GoogLeNet**］を選択し，［**開く**］をクリックする。

```
deepNetworkDesigner
```

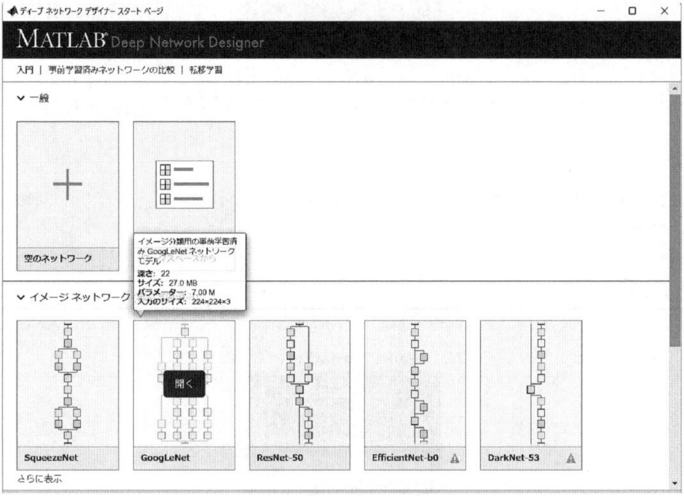

ディープ ネットワーク デザイナーの［**デザイナー**］ペインにネットワーク全体が縮小表示される。

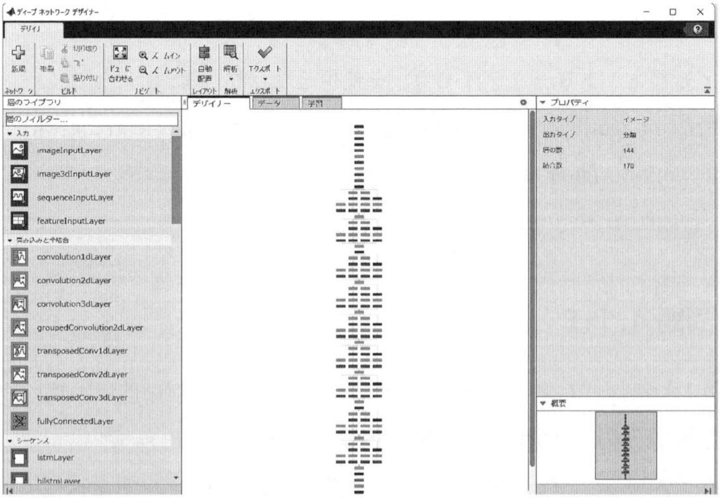

データのワークスペースへのインポートとデータ拡張

ディープ ネットワーク デザイナーの［**データ**］タブで，［**データのインポート**］，［**イメージ データのインポート**］をクリックすると，［**イメージ データのインポート**］ダイアログ ボックスが開く。

［**データ ソース**］リストの［**フォルダー**］を選択し，［**参照**］をクリックし，MerchData フォルダーを選択する。画像データ 20％を検証用に用いて転移学習に用いる。画像データに対して実行するデータ拡張では，範囲［0,360］度のランダムな角度での回転，範囲［0.5,1.5］のランダムなスケール係数でのサイズ変更，水平方向および垂直方向に最大 50 ピクセルまでのランダムな平行移動，を施す。

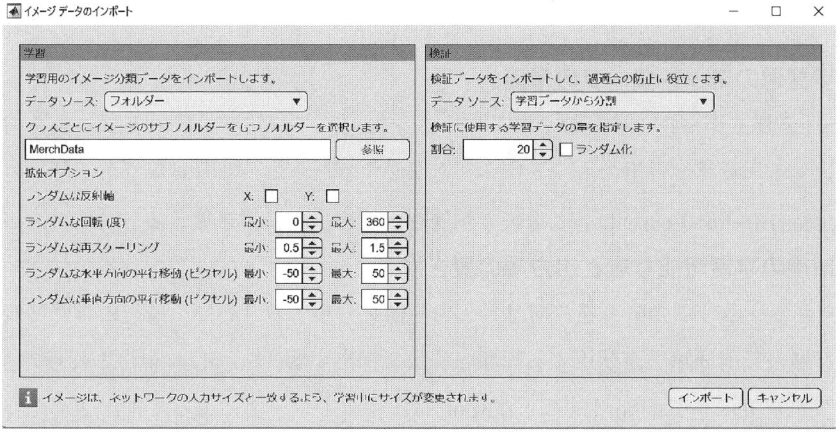

［**インポート**］をクリックして，ディープ ネットワーク デザイナーにデータをインポートする。

データの可視化

［**データ**］タブにある学習データと検証データの分布を表示する。この例では，データセットにクラスが 5 つあることが確認でき，各クラスからのランダムな画像データを表示する。

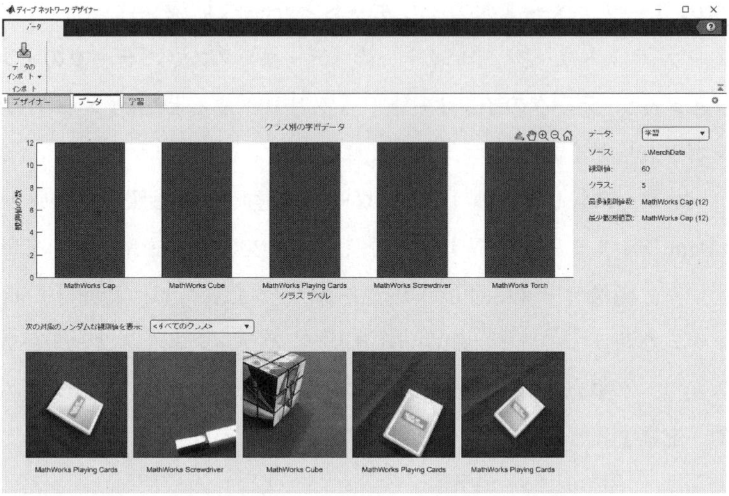

学習用のネットワークの準備

［**デザイナー**］ペインのネットワークを編集して，転移学習のクラス数を指定する。転移学習用のネットワークを準備するために，学習対象である最後の全結合層 'loss3-classifier' と最終分類層を下記のように置き換える。

最後の学習可能な層と出力層の置き換え

ネットワークの畳み込み層は，入力画像を分類するために，最後の学習可能な層と最終分類層が使用する画像の特徴を抽出する。GoogLeNet のこれらの 2 つの層 'loss3-classifier' および 'output' は，ネットワークによって抽出された特徴を組み合わせてクラス確率，損失値，および予測ラベルにまとめるに必要な情報を含んでいる。新しい画像を分類するために事前学習済みのネットワークを再学習させるには，これら 2 つの層を新しいデータセットに適応させた新しい層に置き換える。変更条件は，参考例②（https://jp.mathworks.com/help/deeplearning/ug/train-deep-learning-network-to-classify-new-images.html）と同じとした。ディープ ネットワーク デザイナーのインタラクティブな操作についても，参考例②を参照のこと。

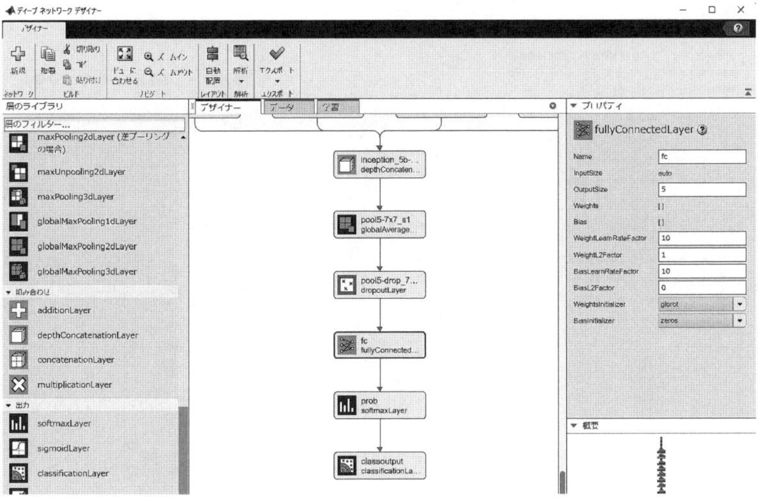

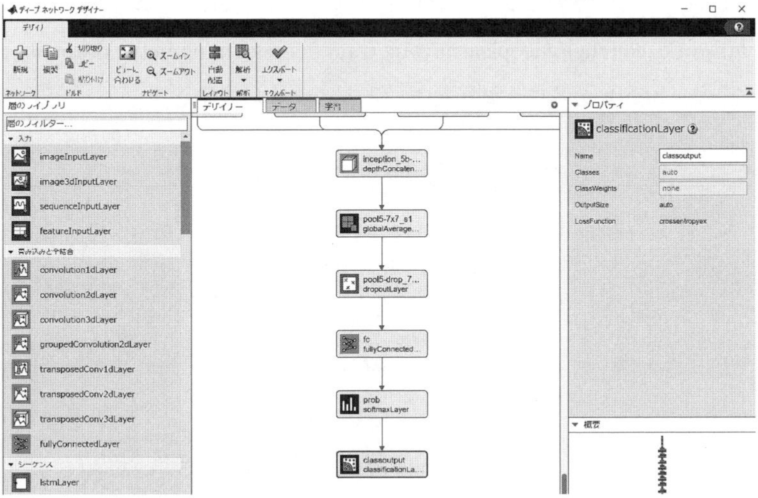

ネットワークの確認

［**解析**］をクリックする。エラー0の場合は，編集したネットワークの学習の準備が整っている。

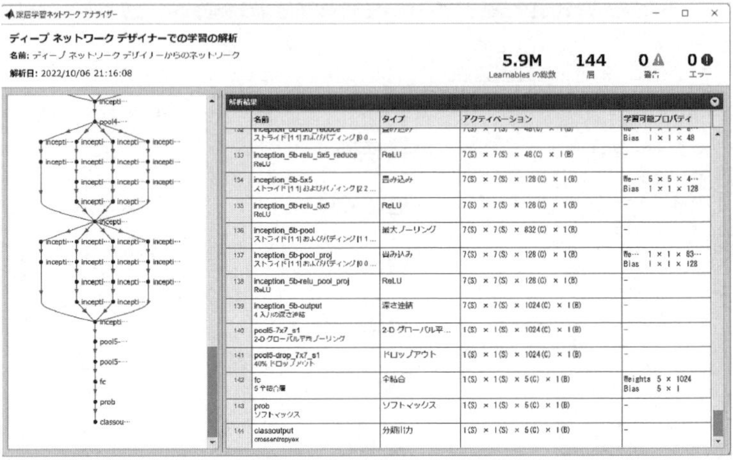

ネットワークの学習

［**学習**］タブの［**学習オプション**］をクリックし，条件を，参考例②（https://jp.mathworks.com/help/deeplearning/ug/train-deep-learning-network-to-classify-new-images.html）を基に，試行錯誤で下記のように設定した。

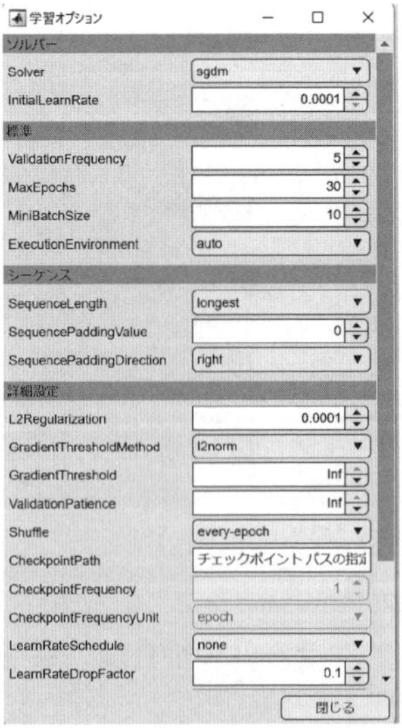

［**閉じる**］をクリックしてから［**学習**］をクリックする。

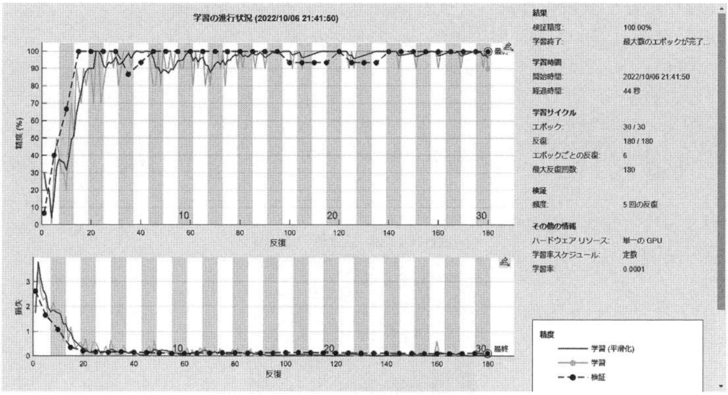

結果のエクスポート

［**学習**］タブの［**エクスポート**］,［**学習済みネットワークと結果のエクスポート**］を選択し，ワークスペースに，学習済みネットワークを表す変数 trainedNetwork_1，学習情報を表す変数 trainInfoStruct_1 をエクスポートする。

入力画像の認識と結果表示

MerchData フォルダの各クラス 1 枚の検証用画像（計 5 枚）を読み込み，ネットワークの入力サイズ（224 x 224）に合うようにテスト画像のサイズ（227 x 227）を変更する。そして，学習済みネットワークを使用して分類する。

5 つのクラス（"cap"，"cube"，"playing cards"，"screwdriver", "torch"）の画像について，正しく認識した。

```
I = imread("MerchData¥MathWorks Cap¥Hat_346.jpg");
I = imresize(I, [224 224]);
[YPred,probs] = classify(trainedNetwork_1,I);
imshow(I)
label = YPred;
title(string(label) + ", " + num2str(100*max(probs),3) + "% ");
```

```
I = imread("MerchData¥MathWorks Cube¥MathWorks cube_1402.jpg");
I = imresize(I, [224 224]);
[YPred,probs] = classify(trainedNetwork_1,I);
imshow(I)
label = YPred;
title(string(label) + ", " + num2str(100*max(probs),3) + "% ");
```

```
I = imread("MerchData¥MathWorks Playing Cards¥MOV_1692_183.jpg");
I = imresize(I, [224 224]);
[YPred,probs] = classify(trainedNetwork_1,I);
imshow(I)
label = YPred;
title(string(label) + ", " + num2str(100*max(probs),3) + "% ");
```

```
I = imread("MerchData¥MathWorks Screwdriver¥MOV_1720_192.jpg");
I = imresize(I, [224 224]);
[YPred,probs] = classify(trainedNetwork_1,I);
imshow(I)
label = YPred;
title(string(label) + ", " + num2str(100*max(probs),3) + "% ");
```

```
I = imread("MerchData¥MathWorks Torch¥VIDEO0042_501.jpg");
I = imresize(I, [224 224]);
[YPred,probs] = classify(trainedNetwork_1,I);
imshow(I)
label = YPred;
title(string(label) + ", " + num2str(100*max(probs),3) + "% ");
```

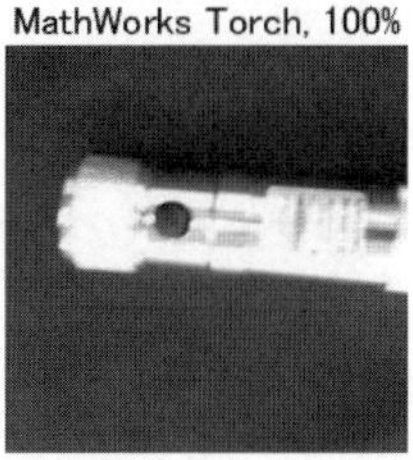

参考例

1. 新しいイメージを分類するための深層学習ネットワークの学習．
   https://jp.mathworks.com/help/deeplearning/ug/train-deep-learning-network-to-classify-new-images.html
2. ディープネットワークデザイナーを使用した転移学習．
   https://jp.mathworks.com/help/deeplearning/ug/transfer-learning-with-deep-network-designer.html

解答例 2　ディープ ネットワーク デザイナーを用いて対話的に実行した後，ネットワークアーキテクチャ生成コードを作成してプログラムに組み込んで実行

初期パラメーターの読み込み

ネットワーク初期化のためのパラメーターを読み込む。転移学習では，ネットワークの初期化パラメーターとして初期事前学習済みネットワークのパラメーターを用いる。

```
trainingSetup = load("params_e418.mat");
```

データのインポート

学習データと検証データをインポートする。画像データ20%を検証用に用いる。

```
imdsTrain = imageDatastore("MerchData","IncludeSubfolders",true,"LabelSource","fo
ldernames");
[imdsTrain, imdsValidation] = splitEachLabel(imdsTrain,0.8);
```

拡張の設定

画像データに対して実行するデータ拡張では，範囲［0,360］度のランダムな角度での回転，範囲［0.5,1.5］のランダムなスケール係数でのサイズ変更，水平方向および垂直方向に最大50ピクセルまでのランダムな平行移動，を施す。

```
imageAugmenter = imageDataAugmenter(...
    "RandRotation",[0 360],...
     "RandScale",[0.5 1.5],"RandXTranslation",[-50 50],"RandYTranslation",[-50
50]);
% ネットワークの入力層と一致するようにイメージのサイズを変更する。
augimdsTrain = augmentedImageDatastore([224 224 3],imdsTrain,"DataAugmentation",i
mageAugmenter);
augimdsValidation = augmentedImageDatastore([224 224 3],imdsValidation);
```

学習オプションの設定

学習の際に使用されるオプションを指定する。「"Verbose",false」とすることで，コマンド ウィンドウに学習の進行状況の情報を表示しないと設定した。

```
opts = trainingOptions("sgdm",...
    "ExecutionEnvironment","auto",...
    "InitialLearnRate",0.0001,...
    "MiniBatchSize",10,...
    "Shuffle","every-epoch",...
    "ValidationFrequency",5,...
    "Plots","training-progress",...
    "Verbose",false,...
    "ValidationData",augimdsValidation);
```

層グラフの作成

ネットワーク層を格納するために層グラフの変数を作成する。

```
lgraph = layerGraph();
```

層の分岐の追加

層グラフにネットワークの分岐を追加します。各分岐は層の線形配列となる。

```
tempLayers = [
    imageInputLayer([224 224 3],"Name","data","Mean",trainingSetup.data.Mean)
    convolution2dLayer([7 7],64,"Name","conv1-7x7_s2","BiasLearnRateFactor",2,"Pa
dding",[3 3 3 3],"Stride",[2 2],"Bias",trainingSetup.conv1_7x7_
s2.Bias,"Weights",trainingSetup.conv1_7x7_s2.Weights)
    reluLayer("Name","conv1-relu_7x7")
    maxPooling2dLayer([3 3],"Name","pool1-3x3_s2","Padding",[0 1 0 1],"Stride",
[2 2])
    crossChannelNormalizationLayer(5,"Name","pool1-norm1","K",1)
    convolution2dLayer([1 1],64,"Name","conv2-3x3_reduce","BiasLearnRateFactor",2
,"Bias",trainingSetup.conv2_3x3_reduce.Bias,"Weights",trainingSetup.conv2_3x3_
reduce.Weights)
    reluLayer("Name","conv2-relu_3x3_reduce")
    convolution2dLayer([3 3],192,"Name","conv2-3x3","BiasLearnRateFactor",2,"Padd
ing",[1 1 1 1],"Bias",trainingSetup.conv2_3x3.Bias,"Weights",trainingSetup.
conv2_3x3.Weights)
    reluLayer("Name","conv2-relu_3x3")
    crossChannelNormalizationLayer(5,"Name","conv2-norm2","K",1)
    maxPooling2dLayer([3 3],"Name","pool2-3x3_s2","Padding",[0 1 0 1],"Stride",
[2 2])];
lgraph = addLayers(lgraph,tempLayers);
tempLayers = [
    convolution2dLayer([1 1],64,"Name","inception_3a-1x1","BiasLearnRateFactor",2,
"Bias",trainingSetup.inception_3a_1x1.Bias,"Weights",trainingSetup.
inception_3a_1x1.Weights)
    reluLayer("Name","inception_3a-relu_1x1")];
lgraph = addLayers(lgraph,tempLayers);
tempLayers = [
    maxPooling2dLayer([3 3],"Name","inception_3a-pool","Padding",[1 1 1 1])
    convolution2dLayer([1 1],32,"Name","inception_3a-pool_proj","BiasLearnRateFac
tor",2,"Bias",trainingSetup.inception_3a_pool_proj.Bias,"Weights",trainingSetup.
inception_3a_pool_proj.Weights)
    reluLayer("Name","inception_3a-relu_pool_proj")];
lgraph = addLayers(lgraph,tempLayers);
tempLayers = [
    convolution2dLayer([1 1],96,"Name","inception_3a-3x3_reduce","BiasLearnRateFa
ctor",2,"Bias",trainingSetup.inception_3a_3x3_reduce.Bias,"Weights",trainingSetup
```

```
inception_3a_3x3_reduce.Weights)
    reluLayer("Name","inception_3a-relu_3x3_reduce")
    convolution2dLayer([3 3],128,"Name","inception_3a-3x3","BiasLearnRateFactor",
2,"Padding",[1 1 1 1],"Bias",trainingSetup.inception_3a_3x3.
Bias,"Weights",trainingSetup.inception_3a_3x3.Weights)
    reluLayer("Name","inception_3a-relu_3x3")];
lgraph = addLayers(lgraph,tempLayers);
tempLayers = [
    convolution2dLayer([1 1],16,"Name","inception_3a-5x5_reduce","BiasLearnRateFa
ctor",2,"Bias",trainingSetup.inception_3a_5x5_reduce.
Bias,"Weights",trainingSetup.inception_3a_5x5_reduce.Weights)
    reluLayer("Name","inception_3a-relu_5x5_reduce")
    convolution2dLayer([5 5],32,"Name","inception_3a-5x5","BiasLearnRateFactor",2,
"Padding",[2 2 2 2],"Bias",trainingSetup.inception_3a_5x5.
Bias,"Weights",trainingSetup.inception_3a_5x5.Weights)
    reluLayer("Name","inception_3a-relu_5x5")];
lgraph = addLayers(lgraph,tempLayers);
tempLayers = depthConcatenationLayer(4,"Name","inception_3a-output");
lgraph = addLayers(lgraph,tempLayers);
tempLayers = [
    convolution2dLayer([1 1],128,"Name","inception_3b-3x3_reduce","BiasLearnRateF
actor",2,"Bias",trainingSetup.inception_3b_3x3_reduce.
Bias,"Weights",trainingSetup.inception_3b_3x3_reduce.Weights)
    reluLayer("Name","inception_3b-relu_3x3_reduce")
    convolution2dLayer([3 3],192,"Name","inception_3b-3x3","BiasLearnRateFactor",
2,"Padding",[1 1 1 1],"Bias",trainingSetup.inception_3b_3x3.
Bias,"Weights",trainingSetup.inception_3b_3x3.Weights)
    reluLayer("Name","inception_3b-relu_3x3")];
lgraph = addLayers(lgraph,tempLayers);
tempLayers = [
    maxPooling2dLayer([3 3],"Name","inception_3b-pool","Padding",[1 1 1 1])
    convolution2dLayer([1 1],64,"Name","inception_3b-pool_proj","BiasLearnRateFac
tor",2,"Bias",trainingSetup.inception_3b_pool_proj.Bias,"Weights",trainingSetup.
inception_3b_pool_proj.Weights)
    reluLayer("Name","inception_3b-relu_pool_proj")];
lgraph = addLayers(lgraph,tempLayers);
tempLayers = [
    convolution2dLayer([1 1],128,"Name","inception_3b-1x1","BiasLearnRateFactor",
2,"Bias",trainingSetup.inception_3b_1x1.Bias,"Weights",trainingSetup.
inception_3b_1x1.Weights)
    reluLayer("Name","inception_3b-relu_1x1")];
lgraph = addLayers(lgraph,tempLayers);
tempLayers = [
    convolution2dLayer([1 1],32,"Name","inception_3b-5x5_reduce","BiasLearnRateFa
ctor",2,"Bias",trainingSetup.inception_3b_5x5_reduce.Bias,"Weights",
```

```
trainingSetup.inception_3b_5x5_reduce.Weights)
    reluLayer("Name","inception_3b-relu_5x5_reduce")
    convolution2dLayer([5 5],96,"Name","inception_3b-5x5","BiasLearnRateFactor",2,
"Padding",[2 2 2 2],"Bias",trainingSetup.inception_3b_5x5.
Bias,"Weights",trainingSetup.inception_3b_5x5.Weights)
    reluLayer("Name","inception_3b-relu_5x5")];
lgraph = addLayers(lgraph,tempLayers);
tempLayers = [
    depthConcatenationLayer(4,"Name","inception_3b-output")
    maxPooling2dLayer([3 3],"Name","pool3-3x3_s2","Padding",[0 1 0 1],"Stride",
[2 2])];
lgraph = addLayers(lgraph,tempLayers);
tempLayers = [
    convolution2dLayer([1 1],192,"Name","inception_4a-1x1","BiasLearnRateFactor",
2,"Bias",trainingSetup.inception_4a_1x1.Bias,"Weights",trainingSetup.
inception_4a_1x1.Weights)
    reluLayer("Name","inception_4a-relu_1x1")];
lgraph = addLayers(lgraph,tempLayers);
tempLayers = [
    convolution2dLayer([1 1],16,"Name","inception_4a-5x5_reduce","BiasLearnRateFa
ctor",2,"Bias",trainingSetup.inception_4a_5x5_reduce.
Bias,"Weights",trainingSetup.inception_4a_5x5_reduce.Weights)
    reluLayer("Name","inception_4a-relu_5x5_reduce")
    convolution2dLayer([5 5],48,"Name","inception_4a-5x5","BiasLearnRateFactor",2,
"Padding",[2 2 2 2],"Bias",trainingSetup.inception_4a_5x5.
Bias,"Weights",trainingSetup.inception_4a_5x5.Weights)
    reluLayer("Name","inception_4a-relu_5x5")];
lgraph = addLayers(lgraph,tempLayers);
tempLayers = [
    convolution2dLayer([1 1],96,"Name","inception_4a-3x3_reduce","BiasLearnRateFa
ctor",2,"Bias",trainingSetup.inception_4a_3x3_reduce.
Bias,"Weights",trainingSetup.inception_4a_3x3_reduce.Weights)
    reluLayer("Name","inception_4a-relu_3x3_reduce")
    convolution2dLayer([3 3],208,"Name","inception_4a-3x3","BiasLearnRateFactor",
2,"Padding",[1 1 1 1],"Bias",trainingSetup.inception_4a_3x3.
Bias,"Weights",trainingSetup.inception_4a_3x3.Weights)
    reluLayer("Name","inception_4a-relu_3x3")];
lgraph = addLayers(lgraph,tempLayers);
tempLayers = [
    maxPooling2dLayer([3 3],"Name","inception_4a-pool","Padding",[1 1 1 1])
    convolution2dLayer([1 1],64,"Name","inception_4a-pool_proj","BiasLearnRateFac
tor",2,"Bias",trainingSetup.inception_4a_pool_proj.Bias,"Weights",trainingSetup.
inception_4a_pool_proj.Weights)
    reluLayer("Name","inception_4a-relu_pool_proj")];
lgraph = addLayers(lgraph,tempLayers);
```

```
tempLayers = depthConcatenationLayer(4,"Name","inception_4a-output");
lgraph = addLayers(lgraph,tempLayers);
tempLayers = [
    convolution2dLayer([1 1],112,"Name","inception_4b-3x3_reduce","BiasLearnRateF
actor",2,"Bias",trainingSetup.inception_4b_3x3_reduce.
Bias,"Weights",trainingSetup.inception_4b_3x3_reduce.Weights)
    reluLayer("Name","inception_4b-relu_3x3_reduce")
    convolution2dLayer([3 3],224,"Name","inception_4b-3x3","BiasLearnRateFactor",
2,"Padding",[1 1 1 1],"Bias",trainingSetup.inception_4b_3x3.
Bias,"Weights",trainingSetup.inception_4b_3x3.Weights)
    reluLayer("Name","inception_4b-relu_3x3")];
lgraph = addLayers(lgraph,tempLayers);
tempLayers = [
    convolution2dLayer([1 1],160,"Name","inception_4b-1x1","BiasLearnRateFactor",
2,"Bias",trainingSetup.inception_4b_1x1.Bias,"Weights",trainingSetup.
inception_4b_1x1.Weights)
    reluLayer("Name","inception_4b-relu_1x1")];
lgraph = addLayers(lgraph,tempLayers);
tempLayers = [
    maxPooling2dLayer([3 3],"Name","inception_4b-pool","Padding",[1 1 1 1])
    convolution2dLayer([1 1],64,"Name","inception_4b-pool_proj","BiasLearnRateFac
tor",2,"Bias",trainingSetup.inception_4b_pool_proj.Bias,"Weights",trainingSetup.
inception_4b_pool_proj.Weights)
    reluLayer("Name","inception_4b-relu_pool_proj")];
lgraph = addLayers(lgraph,tempLayers);
tempLayers = [
    convolution2dLayer([1 1],24,"Name","inception_4b-5x5_reduce","BiasLearnRateFa
ctor",2,"Bias",trainingSetup.inception_4b_5x5_reduce.
Bias,"Weights",trainingSetup.inception_4b_5x5_reduce.Weights)
    reluLayer("Name","inception_4b-relu_5x5_reduce")
    convolution2dLayer([5 5],64,"Name","inception_4b-5x5","BiasLearnRateFactor",2,
"Padding",[2 2 2 2],"Bias",trainingSetup.inception_4b_5x5.
Bias,"Weights",trainingSetup.inception_4b_5x5.Weights)
    reluLayer("Name","inception_4b-relu_5x5")];
lgraph = addLayers(lgraph,tempLayers);
tempLayers = depthConcatenationLayer(4,"Name","inception_4b-output");
lgraph = addLayers(lgraph,tempLayers);
tempLayers = [
    maxPooling2dLayer([3 3],"Name","inception_4c-pool","Padding",[1 1 1 1])
    convolution2dLayer([1 1],64,"Name","inception_4c-pool_proj","BiasLearnRateFac
tor",2,"Bias",trainingSetup.inception_4c_pool_proj.Bias,"Weights",trainingSetup.
inception_4c_pool_proj.Weights)
    reluLayer("Name","inception_4c-relu_pool_proj")];
lgraph = addLayers(lgraph,tempLayers);
tempLayers = [
```

```
    convolution2dLayer([1 1],128,"Name","inception_4c-1x1","BiasLearnRateFactor",
2,"Bias",trainingSetup.inception_4c_1x1.Bias,"Weights",trainingSetup.
inception_4c_1x1.Weights)
    reluLayer("Name","inception_4c-relu_1x1")];
lgraph = addLayers(lgraph,tempLayers);
tempLayers = [
    convolution2dLayer([1 1],24,"Name","inception_4c-5x5_reduce","BiasLearnRateFa
ctor",2,"Bias",trainingSetup.inception_4c_5x5_reduce.
Bias,"Weights",trainingSetup.inception_4c_5x5_reduce.Weights)
    reluLayer("Name","inception_4c-relu_5x5_reduce")
    convolution2dLayer([5 5],64,"Name","inception_4c-5x5","BiasLearnRateFactor",2,
"Padding",[2 2 2 2],"Bias",trainingSetup.inception_4c_5x5.
Bias,"Weights",trainingSetup.inception_4c_5x5.Weights)
    reluLayer("Name","inception_4c-relu_5x5")];
lgraph = addLayers(lgraph,tempLayers);
tempLayers = [
    convolution2dLayer([1 1],128,"Name","inception_4c-3x3_reduce","BiasLearnRateF
actor",2,"Bias",trainingSetup.inception_4c_3x3_reduce.
Bias,"Weights",trainingSetup.inception_4c_3x3_reduce.Weights)
    reluLayer("Name","inception_4c-relu_3x3_reduce")
    convolution2dLayer([3 3],256,"Name","inception_4c-3x3","BiasLearnRateFactor",
2,"Padding",[1 1 1 1],"Bias",trainingSetup.inception_4c_3x3.
Bias,"Weights",trainingSetup.inception_4c_3x3.Weights)
    reluLayer("Name","inception_4c-relu_3x3")];
lgraph = addLayers(lgraph,tempLayers);
tempLayers = depthConcatenationLayer(4,"Name","inception_4c-output");
lgraph = addLayers(lgraph,tempLayers);
tempLayers = [
    maxPooling2dLayer([3 3],"Name","inception_4d-pool","Padding",[1 1 1 1])
    convolution2dLayer([1 1],64,"Name","inception_4d-pool_proj","BiasLearnRateFac
tor",2,"Bias",trainingSetup.inception_4d_pool_proj.Bias,"Weights",trainingSetup.
inception_4d_pool_proj.Weights)
    reluLayer("Name","inception_4d-relu_pool_proj")];
lgraph = addLayers(lgraph,tempLayers);
tempLayers = [
    convolution2dLayer([1 1],144,"Name","inception_4d-3x3_reduce","BiasLearnRateF
actor",2,"Bias",trainingSetup.inception_4d_3x3_reduce.
Bias,"Weights",trainingSetup.inception_4d_3x3_reduce.Weights)
    reluLayer("Name","inception_4d-relu_3x3_reduce")
    convolution2dLayer([3 3],288,"Name","inception_4d-3x3","BiasLearnRateFactor",
2,"Padding",[1 1 1 1],"Bias",trainingSetup.inception_4d_3x3.
Bias,"Weights",trainingSetup.inception_4d_3x3.Weights)
    reluLayer("Name","inception_4d-relu_3x3")];
lgraph = addLayers(lgraph,tempLayers);
tempLayers = [
```

```
    convolution2dLayer([1 1],112,"Name","inception_4d-1x1","BiasLearnRateFactor",
2,"Bias",trainingSetup.inception_4d_1x1.Bias,"Weights",trainingSetup.
inception_4d_1x1.Weights)
    reluLayer("Name","inception_4d-relu_1x1")];
lgraph = addLayers(lgraph,tempLayers);
tempLayers = [
    convolution2dLayer([1 1],32,"Name","inception_4d-5x5_reduce","BiasLearnRateFa
ctor",2,"Bias",trainingSetup.inception_4d_5x5_reduce.
Bias,"Weights",trainingSetup.inception_4d_5x5_reduce.Weights)
    reluLayer("Name","inception_4d-relu_5x5_reduce")
    convolution2dLayer([5 5],64,"Name","inception_4d-5x5","BiasLearnRateFactor",2,
"Padding",[2 2 2 2],"Bias",trainingSetup.inception_4d_5x5.
Bias,"Weights",trainingSetup.inception_4d_5x5.Weights)
    reluLayer("Name","inception_4d-relu_5x5")];
lgraph = addLayers(lgraph,tempLayers);
tempLayers = depthConcatenationLayer(4,"Name","inception_4d-output");
lgraph = addLayers(lgraph,tempLayers);
tempLayers = [
    convolution2dLayer([1 1],160,"Name","inception_4e-3x3_reduce","BiasLearnRateF
actor",2,"Bias",trainingSetup.inception_4e_3x3_reduce.
Bias,"Weights",trainingSetup.inception_4e_3x3_reduce.Weights)
    reluLayer("Name","inception_4e-relu_3x3_reduce")
    convolution2dLayer([3 3],320,"Name","inception_4e-3x3","BiasLearnRateFactor",
2,"Padding",[1 1 1 1],"Bias",trainingSetup.inception_4e_3x3.
Bias,"Weights",trainingSetup.inception_4e_3x3.Weights)
    reluLayer("Name","inception_4e-relu_3x3")];
lgraph = addLayers(lgraph,tempLayers);
tempLayers = [
    convolution2dLayer([1 1],256,"Name","inception_4e-1x1","BiasLearnRateFactor",
2,"Bias",trainingSetup.inception_4e_1x1.Bias,"Weights",trainingSetup.
inception_4e_1x1.Weights)
    reluLayer("Name","inception_4e-relu_1x1")];
lgraph = addLayers(lgraph,tempLayers);
tempLayers = [
    maxPooling2dLayer([3 3],"Name","inception_4e-pool","Padding",[1 1 1 1])
    convolution2dLayer([1 1],128,"Name","inception_4e-pool_proj","BiasLearnRateFa
ctor",2,"Bias",trainingSetup.inception_4e_pool_proj.Bias,"Weights",trainingSetup.
inception_4e_pool_proj.Weights)
    reluLayer("Name","inception_4e-relu_pool_proj")];
lgraph = addLayers(lgraph,tempLayers);
tempLayers = [
    convolution2dLayer([1 1],32,"Name","inception_4e-5x5_reduce","BiasLearnRateFa
ctor",2,"Bias",trainingSetup.inception_4e_5x5_reduce.
Bias,"Weights",trainingSetup.inception_4e_5x5_reduce.Weights)
    reluLayer("Name","inception_4e-relu_5x5_reduce")
```

```
    convolution2dLayer([5 5],128,"Name","inception_4e-5x5","BiasLearnRateFactor",
2,"Padding",[2 2 2 2],"Bias",trainingSetup.inception_4e_5x5.
Bias,"Weights",trainingSetup.inception_4e_5x5.Weights)
    reluLayer("Name","inception_4e-relu_5x5")];
lgraph = addLayers(lgraph,tempLayers);
tempLayers = [
    depthConcatenationLayer(4,"Name","inception_4e-output")
     maxPooling2dLayer([3 3],"Name","pool4-3x3_s2","Padding",[0 1 0 1],"Stride",
[2 2])];
lgraph = addLayers(lgraph,tempLayers);
tempLayers = [
    convolution2dLayer([1 1],32,"Name","inception_5a-5x5_reduce","BiasLearnRateFa
ctor",2,"Bias",trainingSetup.inception_5a_5x5_reduce.
Bias,"Weights",trainingSetup.inception_5a_5x5_reduce.Weights)
    reluLayer("Name","inception_5a-relu_5x5_reduce")
    convolution2dLayer([5 5],128,"Name","inception_5a-5x5","BiasLearnRateFactor",
2,"Padding",[2 2 2 2],"Bias",trainingSetup.inception_5a_5x5.
Bias,"Weights",trainingSetup.inception_5a_5x5.Weights)
    reluLayer("Name","inception_5a-relu_5x5")];
lgraph = addLayers(lgraph,tempLayers);
tempLayers = [
    convolution2dLayer([1 1],160,"Name","inception_5a-3x3_reduce","BiasLearnRateF
actor",2,"Bias",trainingSetup.inception_5a_3x3_reduce.
Bias,"Weights",trainingSetup.inception_5a_3x3_reduce.Weights)
    reluLayer("Name","inception_5a-relu_3x3_reduce")
    convolution2dLayer([3 3],320,"Name","inception_5a-3x3","BiasLearnRateFactor",
2,"Padding",[1 1 1 1],"Bias",trainingSetup.inception_5a_3x3.
Bias,"Weights",trainingSetup.inception_5a_3x3.Weights)
    reluLayer("Name","inception_5a-relu_3x3")];
lgraph = addLayers(lgraph,tempLayers);
tempLayers = [
    convolution2dLayer([1 1],256,"Name","inception_5a-1x1","BiasLearnRateFactor",
2,"Bias",trainingSetup.inception_5a_1x1.Bias,"Weights",trainingSetup.
inception_5a_1x1.Weights)
    reluLayer("Name","inception_5a-relu_1x1")];
lgraph = addLayers(lgraph,tempLayers);
tempLayers = [
    maxPooling2dLayer([3 3],"Name","inception_5a-pool","Padding",[1 1 1 1])
    convolution2dLayer([1 1],128,"Name","inception_5a-pool_proj","BiasLearnRateFa
ctor",2,"Bias",trainingSetup.inception_5a_pool_proj.Bias,"Weights",trainingSetup.
inception_5a_pool_proj.Weights)
    reluLayer("Name","inception_5a-relu_pool_proj")];
lgraph = addLayers(lgraph,tempLayers);
tempLayers = depthConcatenationLayer(4,"Name","inception_5a-output");
lgraph = addLayers(lgraph,tempLayers);
```

```
tempLayers = [
    convolution2dLayer([1 1],48,"Name","inception_5b-5x5_reduce","BiasLearnRateFa
ctor",2,"Bias",trainingSetup.inception_5b_5x5_reduce.
Bias,"Weights",trainingSetup.inception_5b_5x5_reduce.Weights)
    reluLayer("Name","inception_5b-relu_5x5_reduce")
    convolution2dLayer([5 5],128,"Name","inception_5b-5x5","BiasLearnRateFactor",
2,"Padding",[2 2 2 2],"Bias",trainingSetup.inception_5b_5x5.
Bias,"Weights",trainingSetup.inception_5b_5x5.Weights)
    reluLayer("Name","inception_5b-relu_5x5")];
lgraph = addLayers(lgraph,tempLayers);
tempLayers = [
    convolution2dLayer([1 1],192,"Name","inception_5b-3x3_reduce","BiasLearnRateF
actor",2,"Bias",trainingSetup.inception_5b_3x3_reduce.
Bias,"Weights",trainingSetup.inception_5b_3x3_reduce.Weights)
    reluLayer("Name","inception_5b-relu_3x3_reduce")
    convolution2dLayer([3 3],384,"Name","inception_5b-3x3","BiasLearnRateFactor",
2,"Padding",[1 1 1 1],"Bias",trainingSetup.inception_5b_3x3.
Bias,"Weights",trainingSetup.inception_5b_3x3.Weights)
    reluLayer("Name","inception_5b-relu_3x3")];
lgraph = addLayers(lgraph,tempLayers);
tempLayers = [
    convolution2dLayer([1 1],384,"Name","inception_5b-1x1","BiasLearnRateFactor",
2,"Bias",trainingSetup.inception_5b_1x1.Bias,"Weights",trainingSetup.
inception_5b_1x1.Weights)
    reluLayer("Name","inception_5b-relu_1x1")];
lgraph = addLayers(lgraph,tempLayers);
tempLayers = [
    maxPooling2dLayer([3 3],"Name","inception_5b-pool","Padding",[1 1 1 1])
    convolution2dLayer([1 1],128,"Name","inception_5b-pool_proj","BiasLearnRateFa
ctor",2,"Bias",trainingSetup.inception_5b_pool_proj.Bias,"Weights",trainingSetup.
inception_5b_pool_proj.Weights)
    reluLayer("Name","inception_5b-relu_pool_proj")];
lgraph = addLayers(lgraph,tempLayers);
tempLayers = [
    depthConcatenationLayer(4,"Name","inception_5b-output")
    globalAveragePooling2dLayer("Name","pool5-7x7_s1")
    dropoutLayer(0.4,"Name","pool5-drop_7x7_s1") fullyConnectedLayer(5,"Name","f
c","BiasLearnRateFactor",10,"WeightLearnRateFactor",10)
    softmaxLayer("Name","prob")
    classificationLayer("Name","classoutput")];
lgraph = addLayers(lgraph,tempLayers);
% 補助変数のクリーンアップ
clear tempLayers;
```

層の分岐の接続

ネットワークのすべての分岐を接続し，ネットワーク グラフを作成する。

```
lgraph = connectLayers(lgraph,"pool2-3x3_s2","inception_3a-1x1");
lgraph = connectLayers(lgraph,"pool2-3x3_s2","inception_3a-pool");
lgraph = connectLayers(lgraph,"pool2-3x3_s2","inception_3a-3x3_reduce");
lgraph = connectLayers(lgraph,"pool2-3x3_s2","inception_3a-5x5_reduce");
lgraph = connectLayers(lgraph,"inception_3a-relu_1x1","inception_3a-output/in1");
lgraph = connectLayers(lgraph,"inception_3a-relu_3x3","inception_3a-output/in2");
lgraph = connectLayers(lgraph,"inception_3a-relu_pool_proj","inception_3a-output/
in4");
lgraph = connectLayers(lgraph,"inception_3a-relu_5x5","inception_3a-output/in3");
lgraph = connectLayers(lgraph,"inception_3a-output","inception_3b-3x3_reduce");
lgraph = connectLayers(lgraph,"inception_3a-output","inception_3b-pool");
lgraph = connectLayers(lgraph,"inception_3a-output","inception_3b-1x1");
lgraph = connectLayers(lgraph,"inception_3a-output","inception_3b-5x5_reduce");
lgraph = connectLayers(lgraph,"inception_3b-relu_1x1","inception_3b-output/in1");
lgraph = connectLayers(lgraph,"inception_3b-relu_3x3","inception_3b-output/in2");
lgraph = connectLayers(lgraph,"inception_3b-relu_5x5","inception_3b-output/in3");
lgraph = connectLayers(lgraph,"inception_3b-relu_pool_proj","inception_3b-output/
in4");
lgraph = connectLayers(lgraph,"pool3-3x3_s2","inception_4a-1x1");
lgraph = connectLayers(lgraph,"pool3-3x3_s2","inception_4a-5x5_reduce");
lgraph = connectLayers(lgraph,"pool3-3x3_s2","inception_4a-3x3_reduce");
lgraph = connectLayers(lgraph,"pool3-3x3_s2","inception_4a-pool");
lgraph = connectLayers(lgraph,"inception_4a-relu_1x1","inception_4a-output/in1");
lgraph = connectLayers(lgraph,"inception_4a-relu_5x5","inception_4a-output/in3");
lgraph = connectLayers(lgraph,"inception_4a-relu_pool_proj","inception_4a-output/
in4");
lgraph = connectLayers(lgraph,"inception_4a-relu_3x3","inception_4a-output/in2");
lgraph = connectLayers(lgraph,"inception_4a-output","inception_4b-3x3_reduce");
lgraph = connectLayers(lgraph,"inception_4a-output","inception_4b-1x1");
lgraph = connectLayers(lgraph,"inception_4a-output","inception_4b-pool");
lgraph = connectLayers(lgraph,"inception_4a-output","inception_4b-5x5_reduce");
lgraph = connectLayers(lgraph,"inception_4b-relu_1x1","inception_4b-output/in1");
lgraph = connectLayers(lgraph,"inception_4b-relu_pool_proj","inception_4b-output/
in4");
lgraph = connectLayers(lgraph,"inception_4b-relu_5x5","inception_4b-output/in3");
lgraph = connectLayers(lgraph,"inception_4b-relu_3x3","inception_4b-output/in2");
lgraph = connectLayers(lgraph,"inception_4b-output","inception_4c-pool");
lgraph = connectLayers(lgraph,"inception_4b-output","inception_4c-1x1");
lgraph = connectLayers(lgraph,"inception_4b-output","inception_4c-5x5_reduce");
lgraph = connectLayers(lgraph,"inception_4b-output","inception_4c-3x3_reduce");
lgraph = connectLayers(lgraph,"inception_4c-relu_pool_proj","inception_4c-output/
in4");
```

```
lgraph = connectLayers(lgraph,"inception_4c-relu_1x1","inception_4c-output/in1");
lgraph = connectLayers(lgraph,"inception_4c-relu_5x5","inception_4c-output/in3");
lgraph = connectLayers(lgraph,"inception_4c-relu_3x3","inception_4c-output/in2");
lgraph = connectLayers(lgraph,"inception_4c-output","inception_4d-pool");
lgraph = connectLayers(lgraph,"inception_4c-output","inception_4d-3x3_reduce");
lgraph = connectLayers(lgraph,"inception_4c-output","inception_4d-1x1");
lgraph = connectLayers(lgraph,"inception_4c-output","inception_4d-5x5_reduce");
lgraph = connectLayers(lgraph,"inception_4d-relu_1x1","inception_4d-output/in1");
lgraph = connectLayers(lgraph,"inception_4d-relu_pool_proj","inception_4d-output/
in4");
lgraph = connectLayers(lgraph,"inception_4d-relu_3x3","inception_4d-output/in2");
lgraph = connectLayers(lgraph,"inception_4d-relu_5x5","inception_4d-output/in3");
lgraph = connectLayers(lgraph,"inception_4d-output","inception_4e-3x3_reduce");
lgraph = connectLayers(lgraph,"inception_4d-output","inception_4e-1x1");
lgraph = connectLayers(lgraph,"inception_4d-output","inception_4e-pool");
lgraph = connectLayers(lgraph,"inception_4d-output","inception_4e-5x5_reduce");
lgraph = connectLayers(lgraph,"inception_4e-relu_pool_proj","inception_4e-output/
in4");
lgraph = connectLayers(lgraph,"inception_4e-relu_5x5","inception_4e-output/in3");
lgraph = connectLayers(lgraph,"inception_4e-relu_3x3","inception_4e-output/in2");
lgraph = connectLayers(lgraph,"inception_4e-relu_1x1","inception_4e-output/in1");
lgraph = connectLayers(lgraph,"pool4-3x3_s2","inception_5a-5x5_reduce");
lgraph = connectLayers(lgraph,"pool4-3x3_s2","inception_5a-3x3_reduce");
lgraph = connectLayers(lgraph,"pool4-3x3_s2","inception_5a-1x1");
lgraph = connectLayers(lgraph,"pool4-3x3_s2","inception_5a-pool");
lgraph = connectLayers(lgraph,"inception_5a-relu_1x1","inception_5a-output/in1");
lgraph = connectLayers(lgraph,"inception_5a-relu_3x3","inception_5a-output/in2");
lgraph = connectLayers(lgraph,"inception_5a-relu_5x5","inception_5a-output/in3");
lgraph = connectLayers(lgraph,"inception_5a-relu_pool_proj","inception_5a-output/
in4");
lgraph = connectLayers(lgraph,"inception_5a-output","inception_5b-5x5_reduce");
lgraph = connectLayers(lgraph,"inception_5a-output","inception_5b-3x3_reduce");
lgraph = connectLayers(lgraph,"inception_5a-output","inception_5b-1x1");
lgraph = connectLayers(lgraph,"inception_5a-output","inception_5b-pool");
lgraph = connectLayers(lgraph,"inception_5b-relu_1x1","inception_5b-output/in1");
lgraph = connectLayers(lgraph,"inception_5b-relu_3x3","inception_5b-output/in2");
lgraph = connectLayers(lgraph,"inception_5b-relu_5x5","inception_5b-output/in3");
lgraph = connectLayers(lgraph,"inception_5b-relu_pool_proj","inception_5b-output/
in4");
```

ネットワークの学習

指定したオプションと学習データを使用してネットワークを学習させる。

```
[net, traininfo] = trainNetwork(augimdsTrain,lgraph,opts);
```

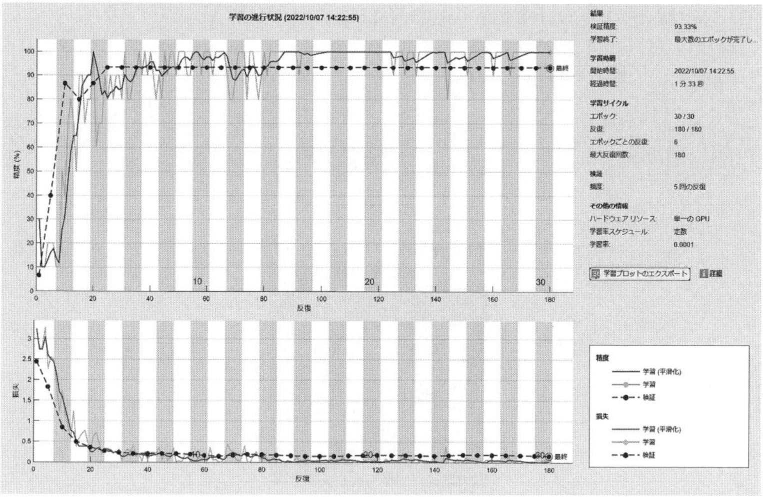

入力画像の認識と結果表示

MerchData フォルダの各クラス１枚の検証用画像（計５枚）を読み込み，ネットワークの入力サイズ（224 x 224）に合うようにテスト画像のサイズ（227 x 227）を変更する。そして，学習済みネットワークを使用して分類する。

５つのクラス（"cap", "cube", "playing cards", "screwdriver", "torch"）の画像について，正しく認識した。

```
I = imread("MerchData¥MathWorks Cap¥Hat_346.jpg");
I = imresize(I, [224 224]);
[YPred,probs] = classify(net,I);
imshow(I)
label = YPred;
title(string(label) + ", " + num2str(100*max(probs),3) + "% ");
```

```
I = imread("MerchData¥MathWorks Cube¥MathWorks cube_1402.jpg");
I = imresize(I, [224 224]);
[YPred,probs] = classify(net,I);
imshow(I)
label = YPred;
title(string(label) + ", " + num2str(100*max(probs),3) + "% ");
```

MathWorks Cube, 99.9%

```
I = imread("MerchData¥MathWorks Playing Cards¥MOV_1692_183.jpg");
I = imresize(I, [224 224]);
[YPred,probs] = classify(net,I);
imshow(I)
label = YPred;
title(string(label) + ", " + num2str(100*max(probs),3) + "% ");
```

MathWorks Playing Cards, 100%

```
I = imread("MerchData¥MathWorks Screwdriver¥MOV_1720_192.jpg");
I = imresize(I, [224 224]);
[YPred,probs] = classify(net,I);
imshow(I)
label = YPred;
title(string(label) + ", " + num2str(100*2max(probs),3) + "% ");
```

```
I = imread("MerchData¥MathWorks Torch¥VIDEO0042_501.jpg");
I = imresize(I, [224 224]);
[YPred,probs] = classify(net,I);
imshow(I)
label = YPred;
title(string(label) + ", " + num2str(100*max(probs),3) + "% ");
```

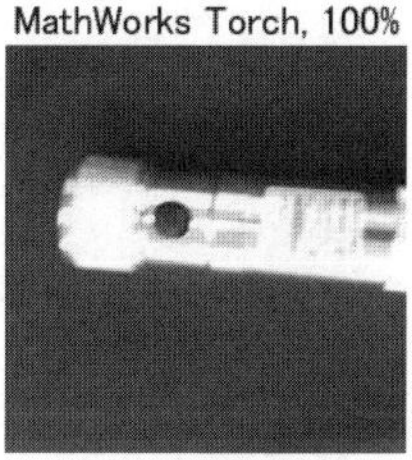

参考例

1. 新しいイメージを分類するための深層学習ネットワークの学習．
   https://jp.mathworks.com/help/deeplearning/ug/train-deep-learning-network-to-classify-new-images.html
2. ディープネットワークデザイナーを使用した転移学習．
   https://jp.mathworks.com/help/deeplearning/ug/transfer-learning-with-deep-network-designer.html

演習問題 4.1.9

学習プロットを下図に示す。

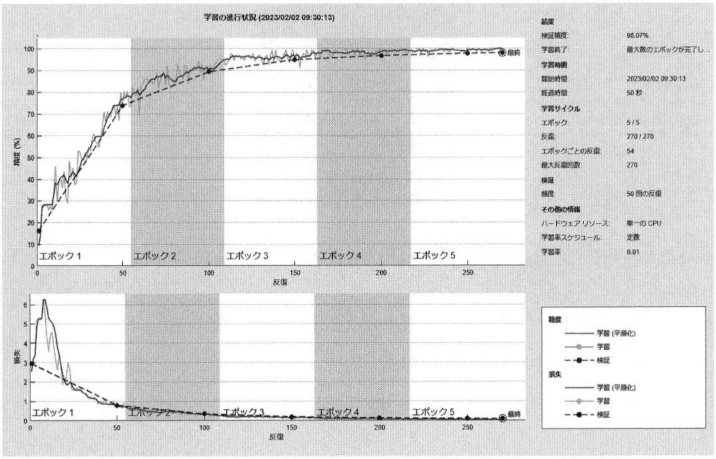

演習問題 4.1.10

学習プロットを以下に示す。演習問題 4.1.9 の結果と比較すると，約 0.50% 高い精度で学習が行われた。エポック 1 の区間から，精度および損失について，演習問題 4.1.9 の結果との顕著な差が出ていた。他方，演習問題 4.1.9 の結果より学習の経過時間が約 16% 長かった。

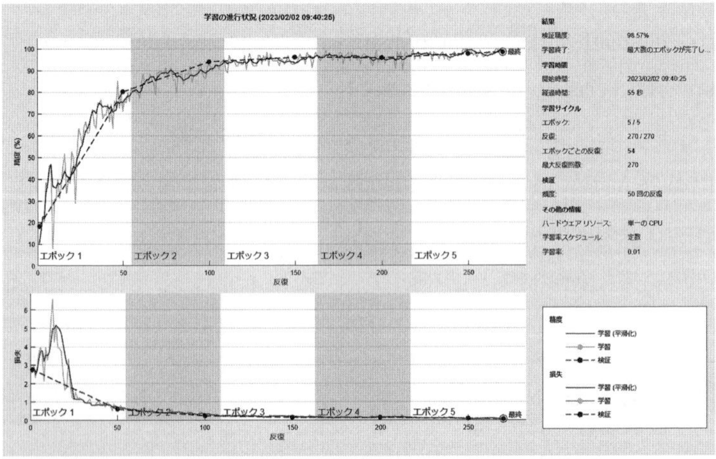

演習問題 4.1.11

学習プロットを以下に示す。まず，（a）では，演習問題 4.1.9 の場合に比べると約 0.56%高い精度で学習が行われた。他方，演習問題 4.1.9 の結果より学習の経過時間が約 102%長かった。

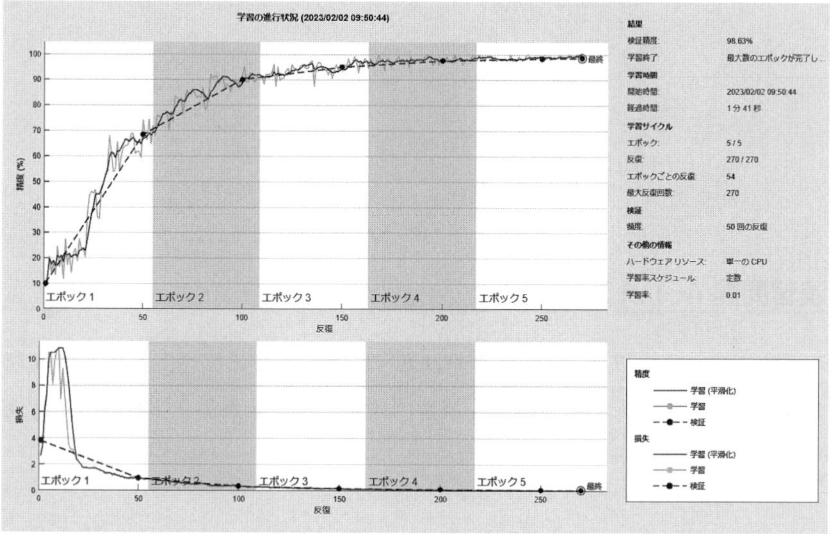

（b）の場合は，演習問題 4.1.9 の場合に比べると約 1.56%高い精度で学習が行われた。他方，演習問題 4.1.9 の結果より学習の経過時間が約 204%長かった。

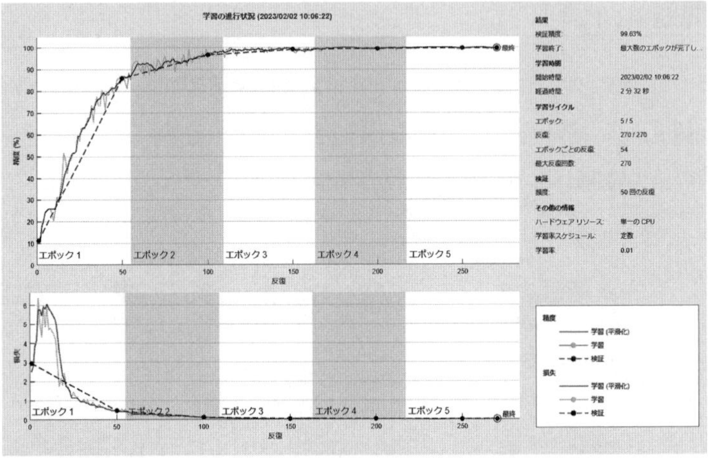

演習問題 4.1.12

学習プロットを以下に示す。演習問題4.1.9の場合に比べると約1.06%高い精度で学習が行われた。他方，演習問題4.1.9の結果より学習の経過時間が約76%長かった。

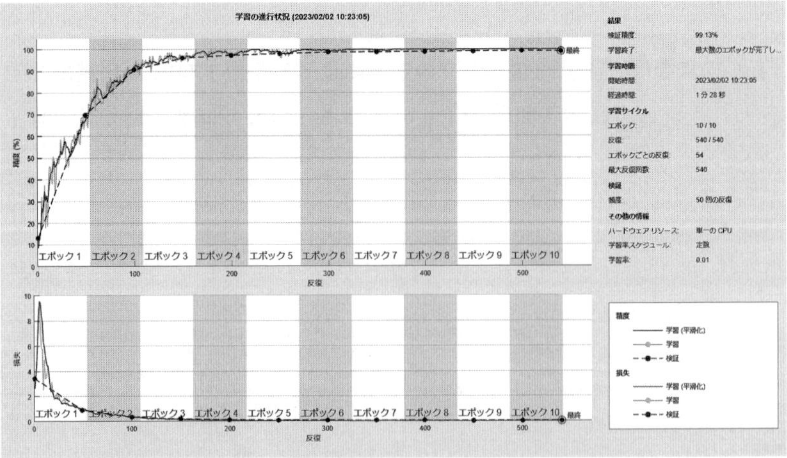

演習問題 4.1.13

学習プロットを以下に示す。演習問題 4.1.9 の結果と比較すると，約 1.40% 高い精度で学習が行われた。演習問題 4.1.13 の学習プロットのスタートの精度および損失の値が，演習問題 4.1.9 の学習プロットでの最後の精度および損失の値と同じになった。他方，演習問題 4.1.9 の結果より学習の経過時間が約 10%短かった。

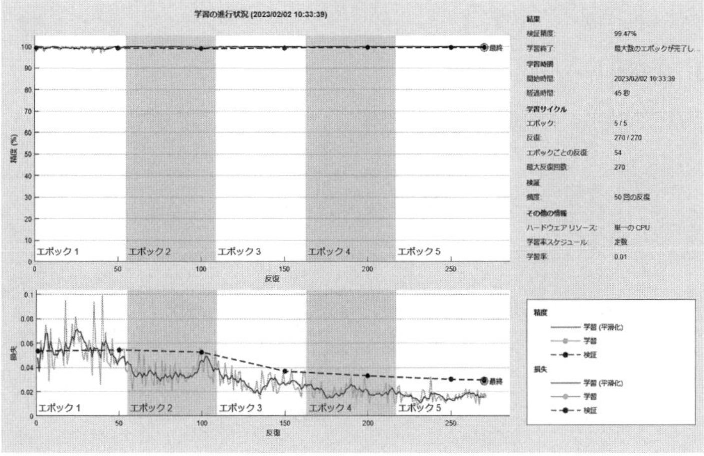

演習問題 4.1.14

題意に従って，演習問題 4.1.7 の転移学習の学習オプションの InitialLearn-Rate の値を 0.0001 から，（a）0.001,（b）0.00005 の 2 通りに変更し，それ以外の条件については，演習問題 4.1.7 と同じとして（a),（b）で各 3 回ずつ転移学習を行い，（a),（b）で各々一番検証精度の高い場合の結果として得られた，学習プロットのグラフを以下に記す。

（ａ） 0.001

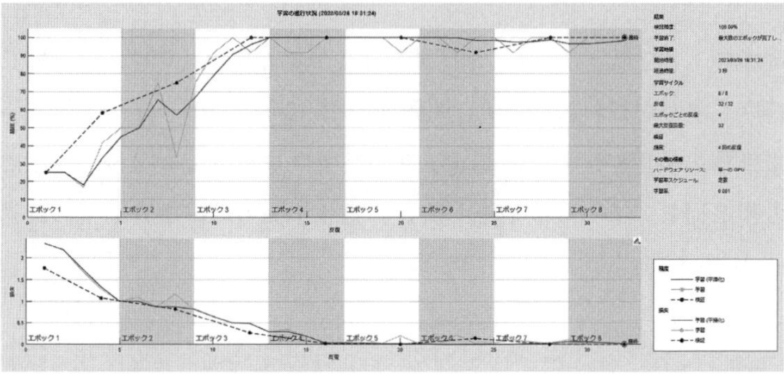

（ｂ） 0.00005

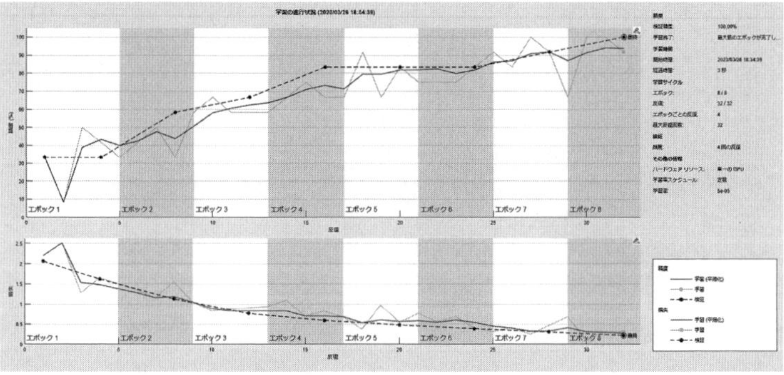

次に，演習問題 4.1.7 の解答例と上記（ａ），（ｂ）での結果を比較する。まず，（ａ）において，MerchData フォルダの各クラス 1 枚（計 5 枚）の画像を読み込み，学習済みネットワークを使用して分類する。

転移学習に用いた 4 つのクラス（"cap"，"cube"，"playing cards"，"screwdriver"）の画像については，正しく認識した。

```
I = imread("MerchData¥MathWorks Cap¥Hat_0.jpg");
[YPred,probs] = classify(trainedNetwork_3,I);
imshow(I)
label = YPred;
title(string(label) + ", " + num2str(100*max(probs),3) + "%");
```

```
I = imread("MerchData¥MathWorks Cube¥MathWorks cube_0.jpg");
[YPred,probs] = classify(trainedNetwork_3,I);
imshow(I)
label = YPred;
title(string(label) + ", " + num2str(100*max(probs),3) + "%");
```

```
I = imread("MerchData¥MathWorks Playing Cards¥MOV_1692_8.jpg");
[YPred,probs] = classify(trainedNetwork_3,I);
imshow(I)
label = YPred;
title(string(label) + ", " + num2str(100*max(probs),3) + "%");
```

```
I = imread("MerchData¥MathWorks Screwdriver¥MOV_1720_0.jpg");
[YPred,probs] = classify(trainedNetwork_3,I);
imshow(I)
label = YPred;
title(string(label) + ", " + num2str(100*max(probs),3) + "%");
```

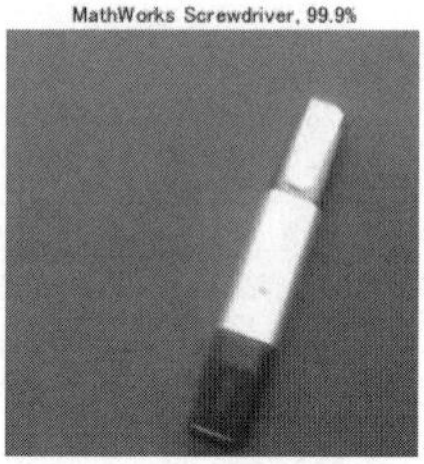

転移学習に用いなかったクラス（"torch"）の画像を " Screwdriver " と誤認識した。

```
I = imread("MerchData¥MathWorks Torch¥VIDEO0042_0.jpg");
[YPred,probs] = classify(trainedNetwork_3,I);
imshow(I)
label = YPred;
title(string(label) + ", " + num2str(100*max(probs),3) + "% ");
```

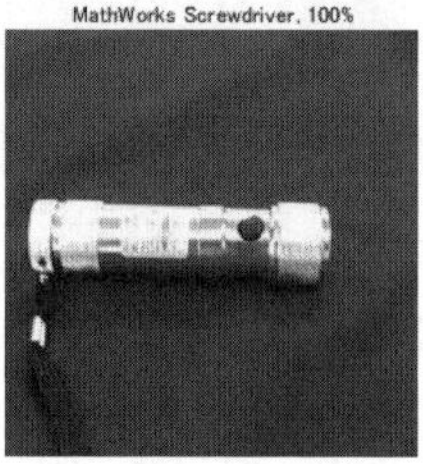

次に，（b）において，MerchData フォルダの各クラス 1 枚（計 5 枚）の画像を読み込み，学習済みネットワークを使用して分類する。

転移学習に用いた 4 つのクラス（"cap"，"cube"，"playing cards"，"screw-driver"）の画像については，正しく認識した。

```
I = imread("MerchData¥MathWorks Cap¥Hat_0.jpg");
[YPred,probs] = classify(trainedNetwork_4,I);
imshow(I)
label = YPred;
title(string(label) + ", " + num2str(100*max(probs),3) + "% ");
```

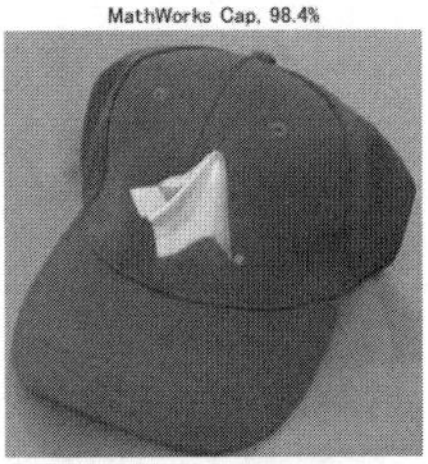


```
I = imread("MerchData¥MathWorks Cube¥MathWorks cube_0.jpg");
[YPred,probs] = classify(trainedNetwork_4,I);
imshow(I)
label = YPred;
title(string(label) + ", " + num2str(100*max(probs),3) + "% ");
```

```
I = imread("MerchData¥MathWorks Playing Cards¥MOV_1692_8.jpg");
[YPred,probs] = classify(trainedNetwork_4,I);
imshow(I)
label = YPred;
title(string(label) + ", " + num2str(100*max(probs),3) + "% ");
```

```
I = imread("MerchData¥MathWorks Screwdriver¥MOV_1720_0.jpg");
[YPred,probs] = classify(trainedNetwork_4,I);
imshow(I)
label = YPred;
title(string(label) + ", " + num2str(100*max(probs),3) + "% ");
```

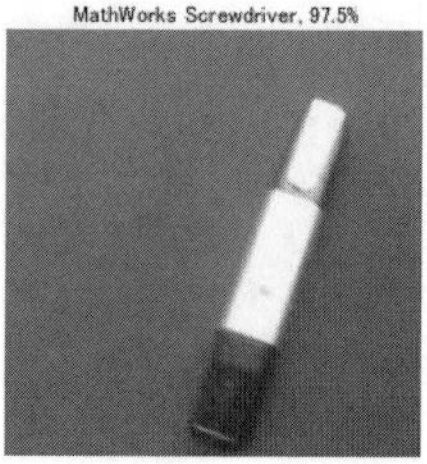

転移学習に用いなかったクラス（"torch"）の画像を "Screwdriver" と誤認識した。

```
I = imread("MerchData¥MathWorks Torch¥VIDEO0042_0.jpg");
[YPred,probs] = classify(trainedNetwork_4,I);
imshow(I)
label = YPred;
title(string(label) + ", " + num2str(100*max(probs),3) + "% ");
```

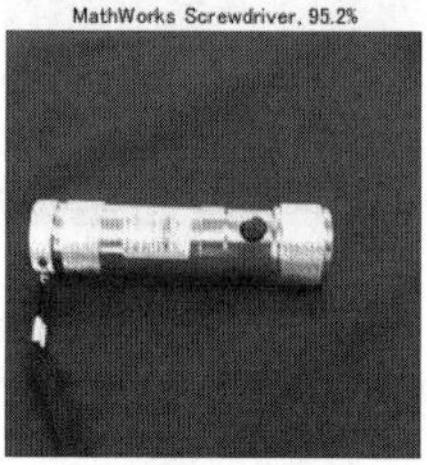

以下に，演習問題 4.1.7 の結果との比較をまとめる。

転移学習に用いた 4 つのクラス（"cap", "cube", "playing cards", "screwdriver"）の画像については，演習問題 4.1.7，演習問題 4.1.14（a），（b）全てで正しく認識した。しかし，（b）の予測確率はどのクラスの画像についても，演習問題 4.1.7（a）に比べて低い値となった。学習プロットのグラフからして，（b）の場合は，学習の収束が十分でないことに起因していると考えられる。

転移学習に用いなかったクラス（"torch"）の画像は，全ての条件で "screwdriver" と誤認識した。誤認識での予測確率は，演習問題 4.1.14 の（a）InitialLearnRate＝0.001 のときが最も高い結果となった。

解答例表 1　演習問題 4.1.7 と演習問題 4.1.14（a），（b）の予測確率の比較

image	演習問題 4.1.7 InitialLearnRate = 0.0001	演習問題 4.1.14（a）	演習問題 4.1.14（b）
cap	100	100	98.4
cube	100	100	99.8
playing cards	99.1	99.9	94.7
screwdriver	99	99.9	97.5
torch	80.5	100	95.2
（認識結果）	("screwdriver")	("screwdriver ")	("screwdriver")

〔%〕

4.2 LSTM

演習問題 4.2.1

題意に従って LSTM の隠れ層の数（（a）64,（b）128（参考例①と同じ条件），（c）256,（d）512）を設定した結果として得られた，予測値と学習の時系列のグラフ，予測値とテストデータのグラフ，観測値によるネットワークの状態の更新を行った際の予測値とテストデータのグラフを以下に記す。

（a） LSTM の隠れ層の数 64

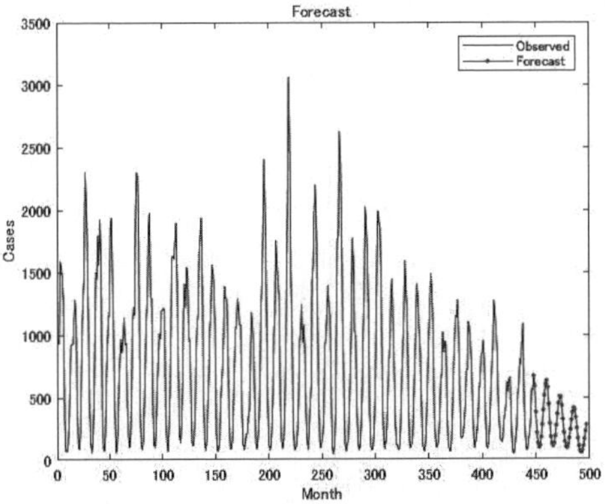

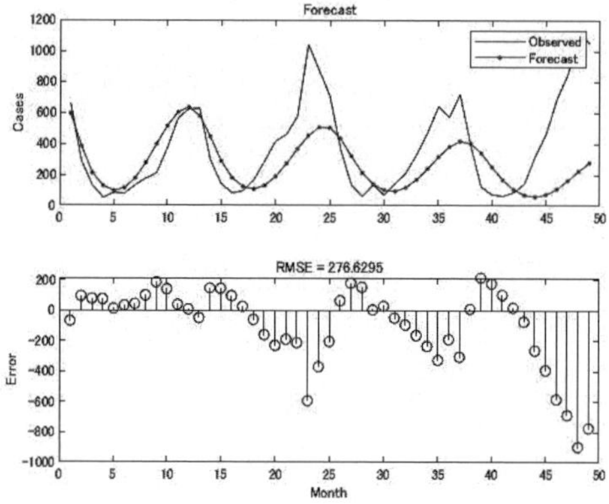

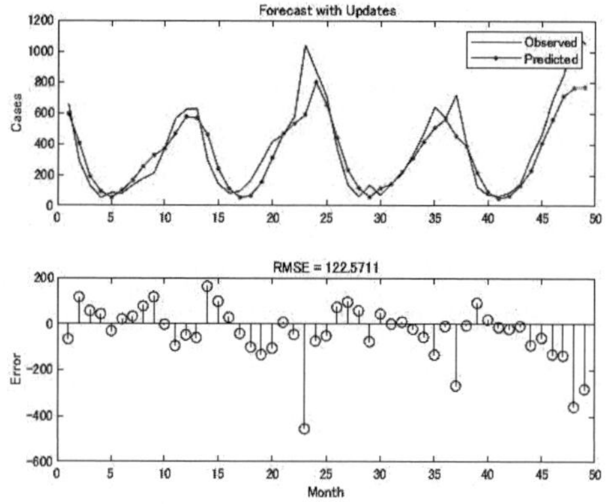

（b） LSTMの隠れ層の数128

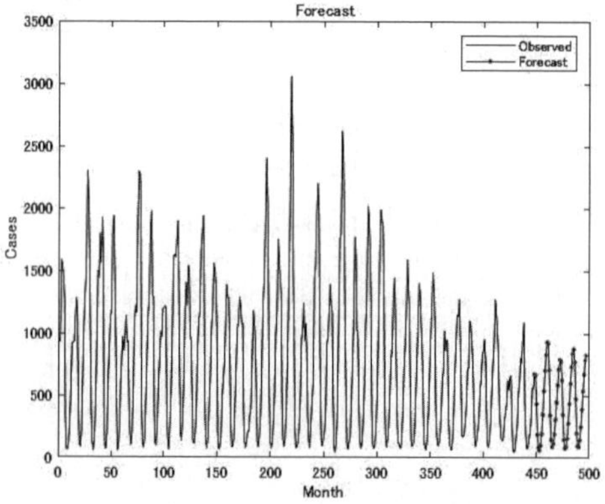

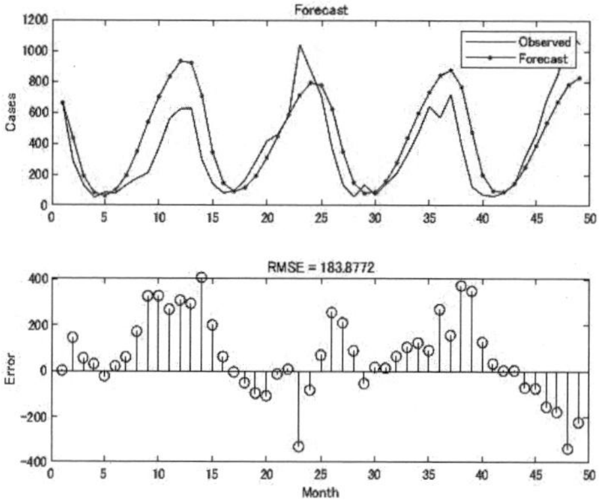

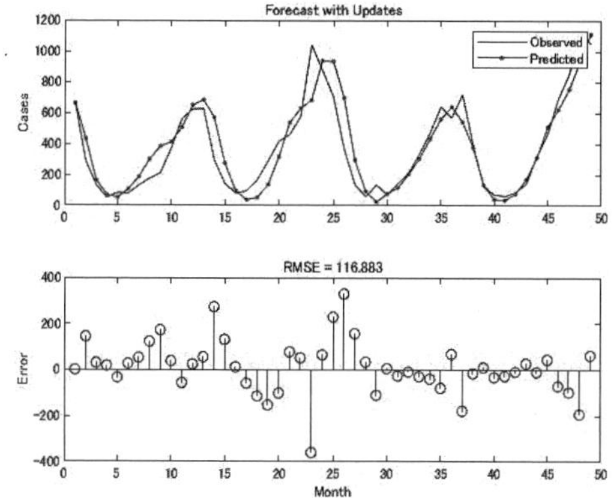

（c）　LSTMの隠れ層の数256

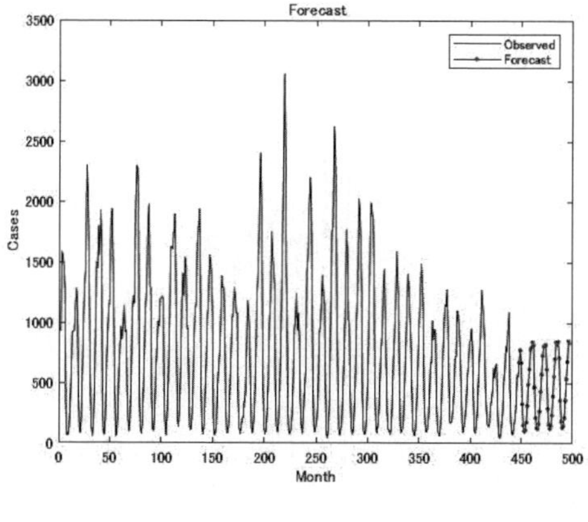

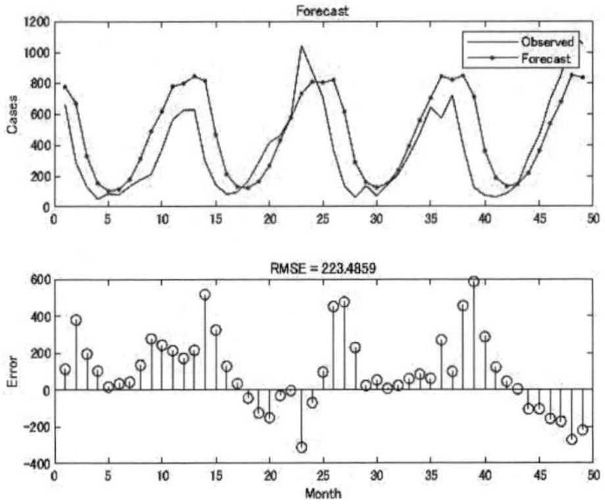

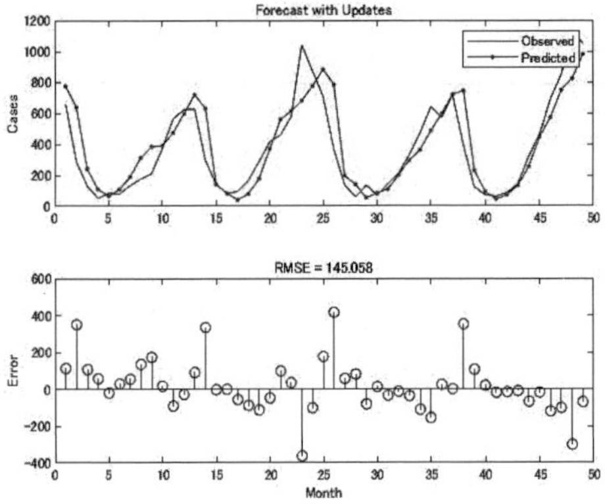

（d）　LSTMの隠れ層の数512

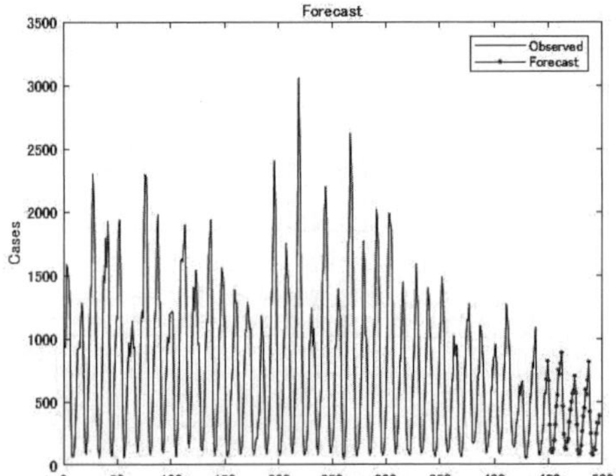

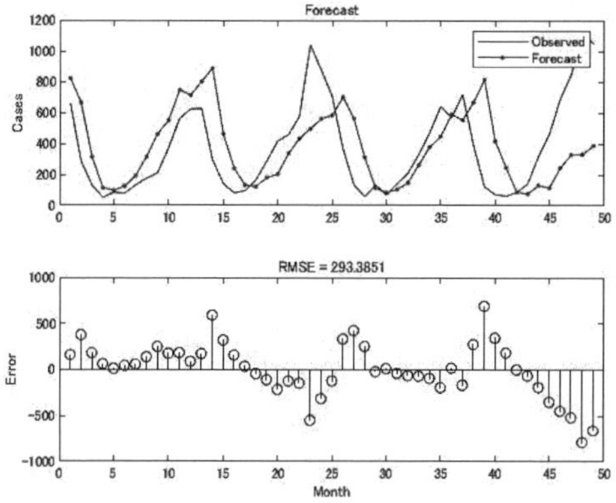

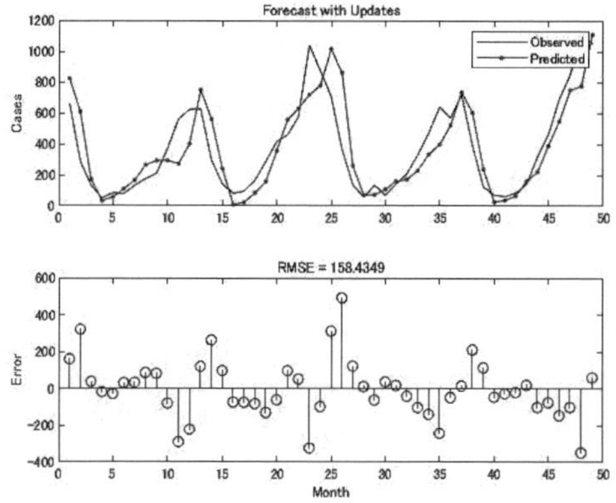

平方根平均二乗誤差（RMSE）を基に上記 4 条件の結果を比較すると，観測値によるネットワークの状態の更新の有無に関わらず，（b）128（参考例①と同じ条件）で最も良い結果となった。この例において，LSTM の隠れ層の数に対するチューニングが必要なことが確認できた。

演習問題 4.2.2

データシーケンスの最初の x（%）で学習を行い，残りの（100 − x）（%）でテストを行う際の（a）x = 50,（b）x = 80,（c）x = 90,（d）x = 95 での題意の出力結果を以下に示す。（c）x = 90 が参考例①の条件である。

（a） データシーケンスの最初の50（%）で学習

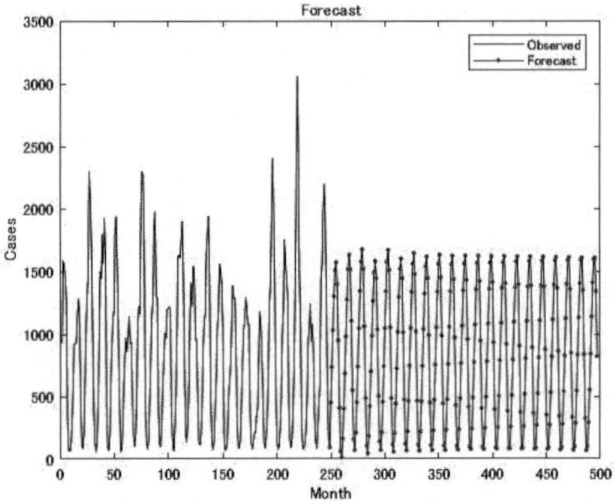

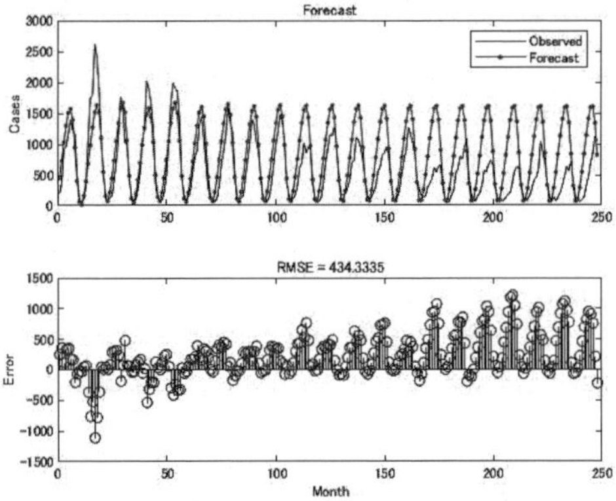

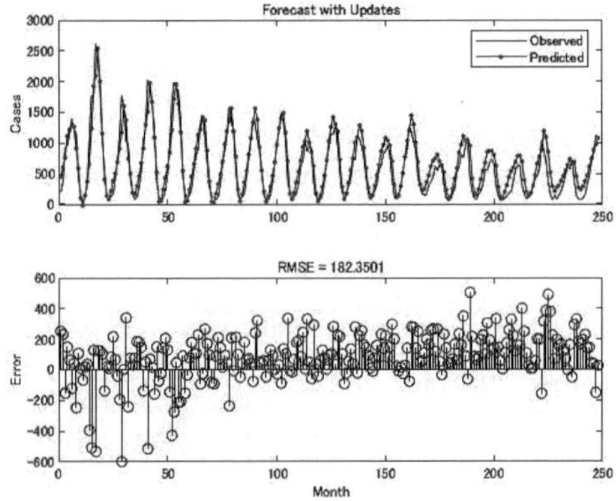

（b）　データシーケンスの最初の80（%）で学習

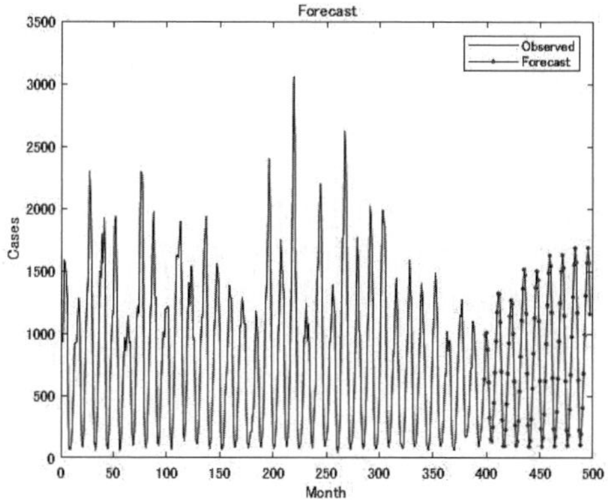

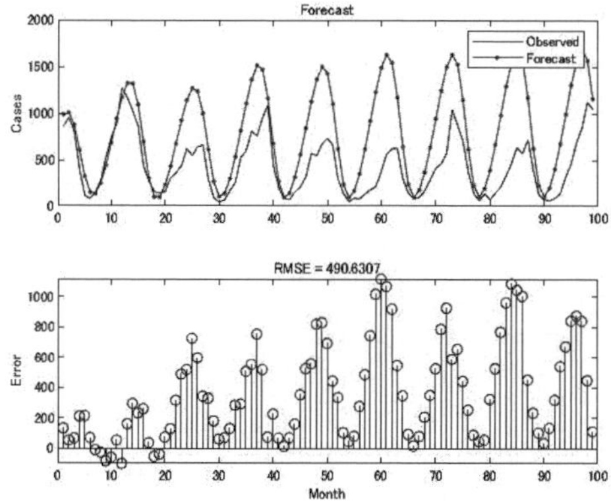

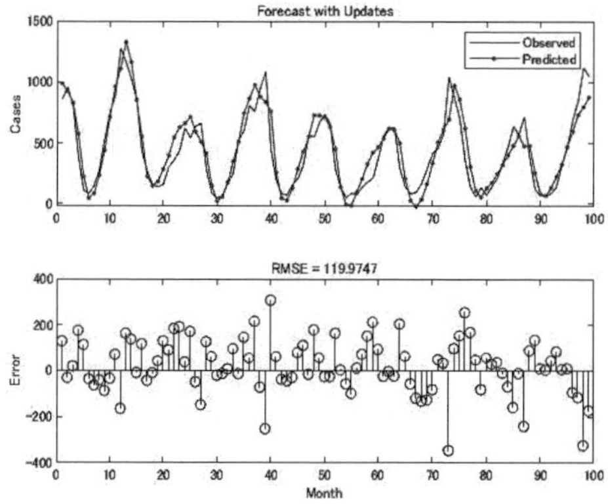

（c）　データシーケンスの最初の 90（%）で学習

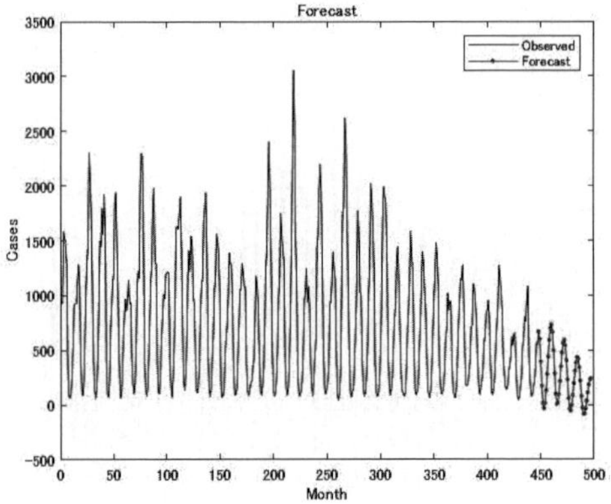

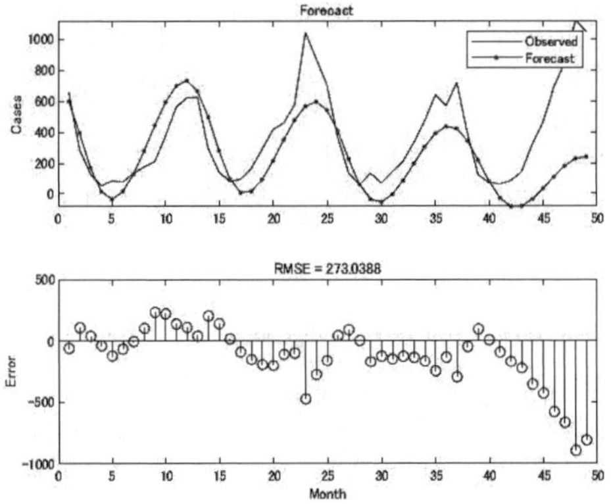

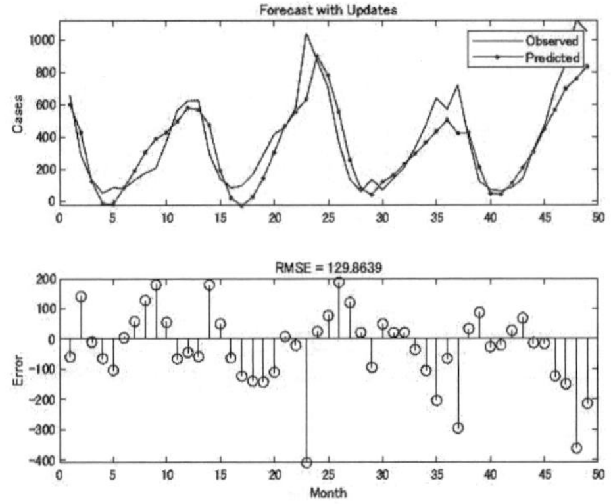

（d）　データシーケンスの最初の95（%）で学習

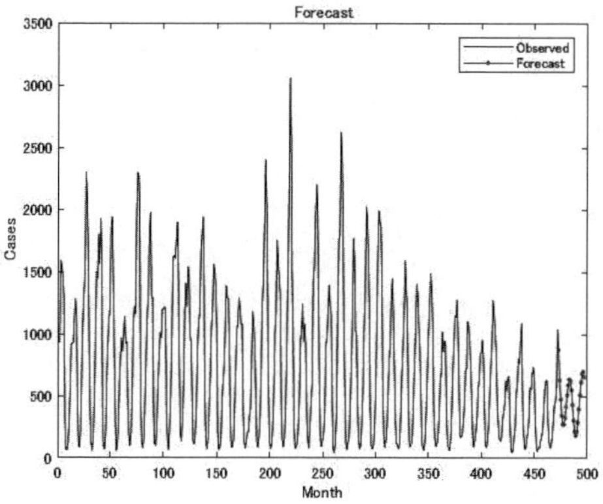

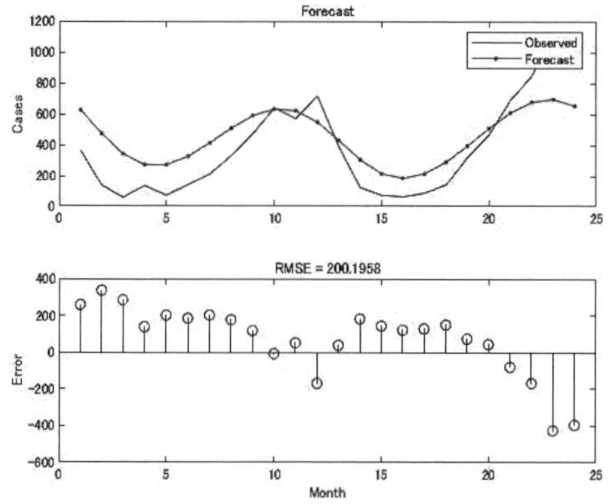

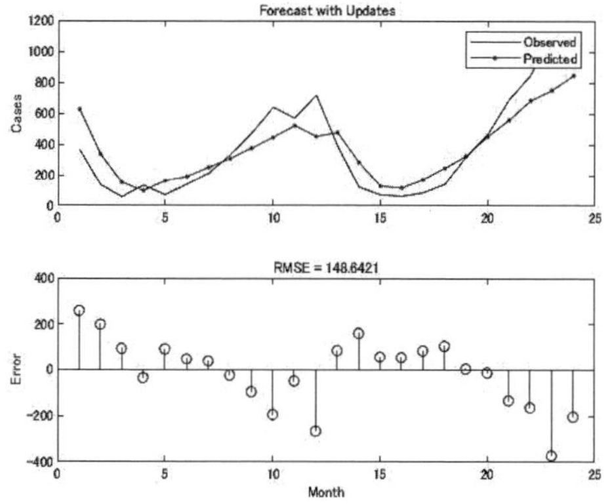

予測値とテストデータとの平方根平均二乗誤差（RMSE）で評価すると，観測値によるネットワークの状態の更新を行わない場合には，（d）でRMSEが一番小さく，引き続き，（c），（a），（b）の順でRMSEが小さかった。上記更新を行う場合には，（b）でRMSEが一番小さく，引き続き，（c），（d），（a）の順でRMSEが小さかった。

観測値によるネットワークの状態の更新を行う効果を，予測値とテストデータとの平方根平均二乗誤差（RMSE）の差で評価すると，（a）434.3335－182.3508=251.9827，（b）490.6307－119.9747=370.656，（c）273.0388－129.8639=143.1749，（d）200.1958－148.6421=51.5537となっている。いずれの場合も，観測値によるネットワークの状態の更新は有効であった。

演習問題 4.2.3

シーケンス データの読み込み

参考例①（https://jp.mathworks.com/help/deeplearning/ug/time-series-forecasting-using-deep-network-designer.html）で使用されているデータセットchickenpox_datasetを読み込む。ファイルが現在のフォルダーまたはMATLABパス上のフォルダーにない場合は，絶対パス名または相対パス名を指定する必要がある。データを行ベクトルに変換する。

```
data = chickenpox_dataset;
data = [data{:}];
```

データを学習データとテスト データに分割する。シーケンスの最初の90%で学習を行い，残りの10%でテストを行う。

```
numTimeStepsTrain = floor(0.9*numel(data))
numTimeStepsTrain = 448
```

ディープ ネットワーク デザイナーを用いて作成したプログラムのコードを以下で利用。

＊＊＊＊＊（ここから）＊＊＊＊＊

学習オプションの設定

学習の際に使用されるオプションを指定する。演習問題の指示で，"Plots",「"training-progress"」を削除した。また，「"Verbose"」,false とすることで，コマンド ウィンドウに学習の進行状況の情報を表示しないと設定した。

```
opts = trainingOptions("adam",...
    "ExecutionEnvironment","auto",...
    "GradientThreshold",1,...
    "InitialLearnRate",0.005,...
    "MaxEpochs",500,...
    "Shuffle", "every-epoch",...
    "Verbose",false)
opts =
  TrainingOptionsADAM のプロパティ：
           GradientDecayFactor: 0.9000
      SquaredGradientDecayFactor: 0.9990
                       Epsilon: 1.0000e-08
              InitialLearnRate: 0.0050
             LearnRateSchedule: 'none'
           LearnRateDropFactor: 0.1000
           LearnRateDropPeriod: 10
              L2Regularization: 1.0000e-04
       GradientThresholdMethod: 'l2norm'
             GradientThreshold: 1
                     MaxEpochs: 500
                 MiniBatchSize: 128
                       Verbose: 0
              VerboseFrequency: 50
                ValidationData: []
           ValidationFrequency: 50
            ValidationPatience: Inf
                       Shuffle: 'every-epoch'
                CheckpointPath: ''
           CheckpointFrequency: 1
       CheckpointFrequencyUnit: 'epoch'
          ExecutionEnvironment: 'auto'
                    WorkerLoad: []
                     OutputFcn: []
                         Plots: 'none'
                SequenceLength: 'longest'
          SequencePaddingValue: 0
      SequencePaddingDirection: 'right'
          DispatchInBackground: 0
       ResetInputNormalization: 1
   BatchNormalizationStatistics: 'population'
                 OutputNetwork: 'last-iteration'
```

層の配列の作成

```
layers = [
    sequenceInputLayer(1,"Name","input")
    lstmLayer(128,"Name","lstm")
    dropoutLayer(0.5,"Name","drop")
    fullyConnectedLayer(1,"Name","fc")
    regressionLayer("Name","regressionoutput")];
for j = 1:10 %題意を満たすため記入，jのループの最後の命令でnumTimeStepsTrainをカウントアップする。
dataTrain = data(1:numTimeStepsTrain+1);%学習データ
dataTest = data(numTimeStepsTrain+1:end);%テストデータ
```

データの標準化

学習データの分布を平均0，標準偏差1の分布に変換する。

```
mu = mean(dataTrain);
sig = std(dataTrain);
dataTrainStandardized = (dataTrain - mu) / sig;
```

学習データの予測子と応答の準備

```
XTrain = dataTrainStandardized(1:end-1);
YTrain = dataTrainStandardized(2:end);
```

学習データの予測子と応答をArrayDatastoreオブジェクトに変換し，2つのデータ ストアを統合する。

```
adsXTrain = arrayDatastore(XTrain);
adsYTrain = arrayDatastore(YTrain);
cdsTrain = combine(adsXTrain,adsYTrain);
```

ネットワークの学習

指定したオプションと学習データを使用してネットワークを学習させる。

```
[net0, traininfo] = trainNetwork(cdsTrain,layers,opts);
```

＊＊＊＊＊（ここまで）＊＊＊＊＊

将来のタイム ステップの予測

将来の複数のタイム ステップを予測させ，学習済みネットワークをテストする。関数 predictAndUpdateState を使用して，タイム ステップを 1 つずつ予測し，予測ごとにネットワークの状態を更新する。予測ごとに，前の予測を関数への入力として使用する。

まず，学習データと同じパラメーター sig を使用してテスト データを標準化する。

```
dataTestStandardized = (dataTest - mu) / sig;
XTest = dataTestStandardized(1:end-1);
YTest = dataTest(2:end);
```

ネットワークの状態を初期化するには，まず，学習データ XTrain について予測を行う。次に，学習の応答 YTrain(end)の最後のタイム ステップを使用して，最初の予測を行う。残りの予測についてループし，前の予測を predictAndUpdateState に入力する。

1 タイム ステップの予測なので，predictAndUpdateState の 'Execution Environment' オプションを 'cpu' に設定して，予測に CPU を使用する。

```
net = predictAndUpdateState(net0,XTrain);
[net,YPred] = predictAndUpdateState(net,YTrain(end));
numTimeStepsTest = numel(XTest);
for i = 2:numTimeStepsTest
    [net,YPred(:,i)] = predictAndUpdateState(net,YPred(:,i-1),'ExecutionEnvironme
nt','cpu');
end
```

前に計算したパラメーター sig を使用して予測を非標準化する。

```
YPred = sig*YPred + mu;
```

予測値と共に学習の時系列をプロットする。

```
figure
plot(dataTrain(1:end-1))
```

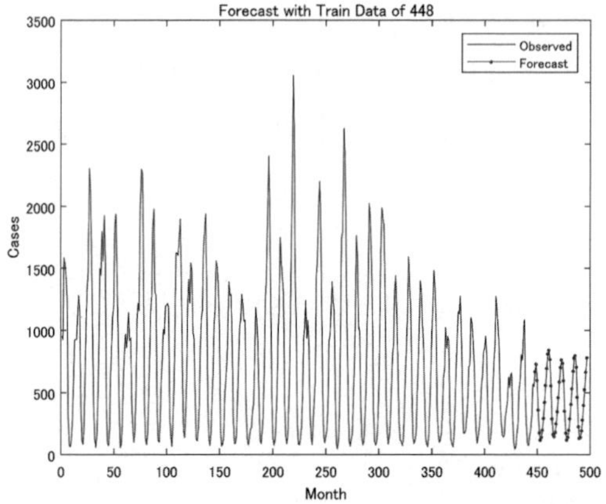
Forecast with Train Data of 448
Observed
Forecast
Cases
0
500
1000
1500
2000
2500
3000
3500
Month
0
50
100
150
200
250
300
350
400
450
500

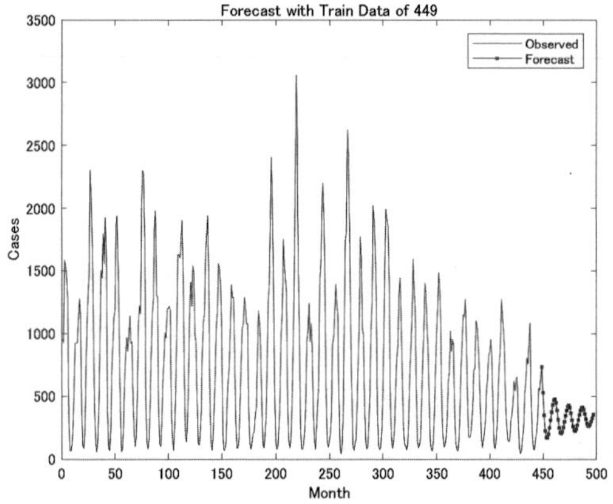
Forecast with Train Data of 449
Observed
Forecast
Cases
0
500
1000
1500
2000
2500
3000
3500
Month
0
50
100
150
200
250
300
350
400
450
500

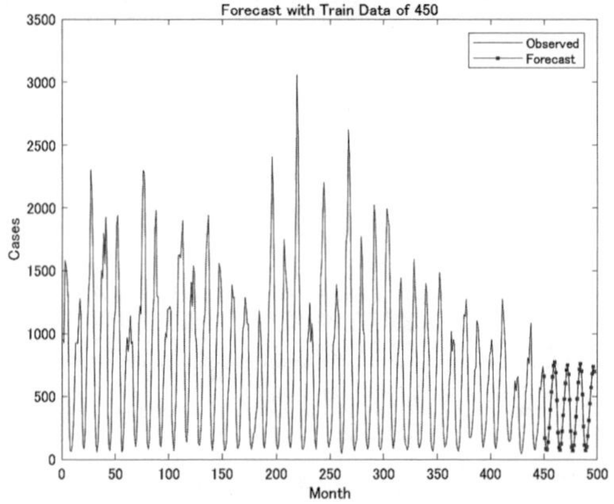
Forecast with Train Data of 450
Observed
Forecast
Cases
0
500
1000
1500
2000
2500
3000
3500
Month
0
50
100
150
200
250
300
350
400
450
500

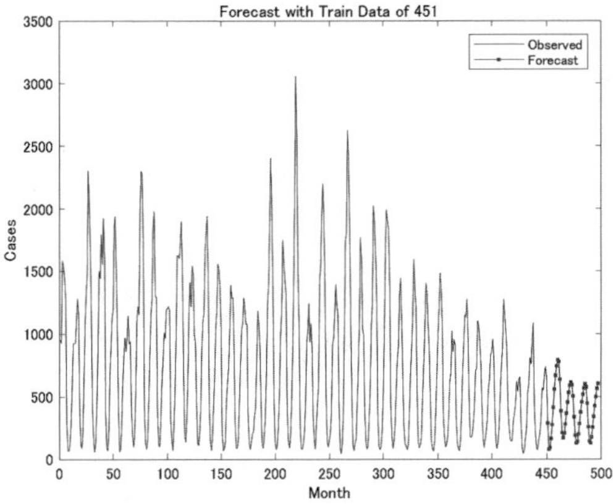
Forecast with Train Data of 451
Observed
Forecast
Cases
Month
0
500
1000
1500
2000
2500
3000
3500
0
50
100
150
200
250
300
350
400
450
500

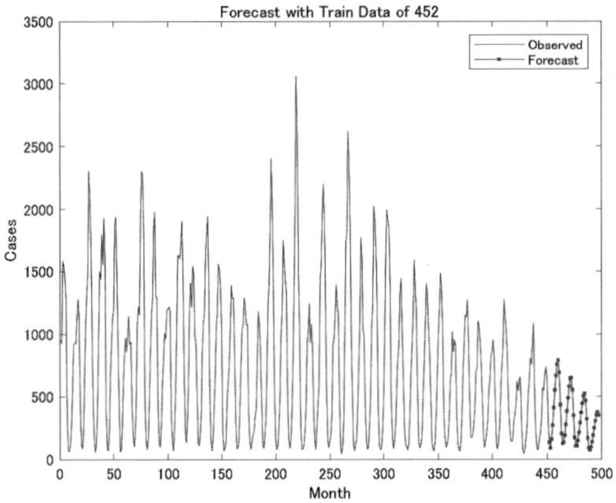
Forecast with Train Data of 452
Observed
Forecast
Cases
Month
0
500
1000
1500
2000
2500
3000
3500
0
50
100
150
200
250
300
350
400
450
500

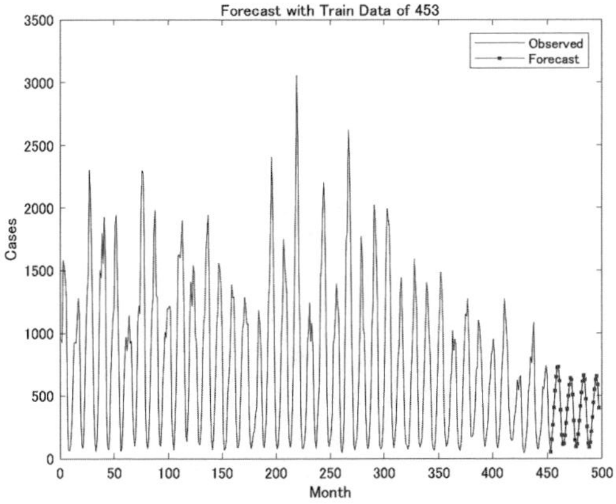
Forecast with Train Data of 453
Observed
Forecast
Cases
Month
0
500
1000
1500
2000
2500
3000
3500
0
50
100
150
200
250
300
350
400
450
500

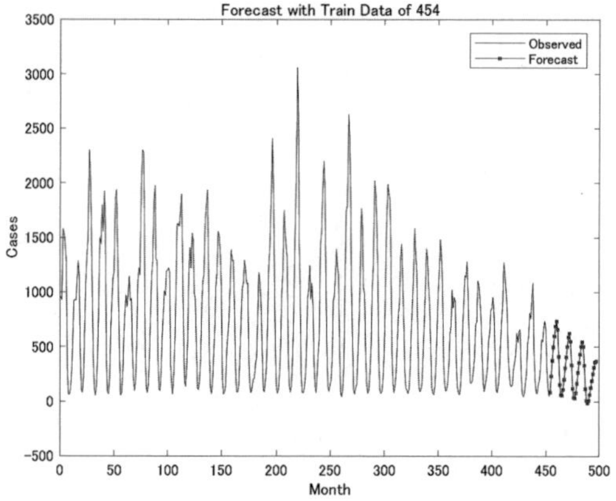
Forecast with Train Data of 454
Observed
Forecast
Cases
Month
3500
3000
2500
2000
1500
1000
500
0
−500
0
50
100
150
200
250
300
350
400
450
500

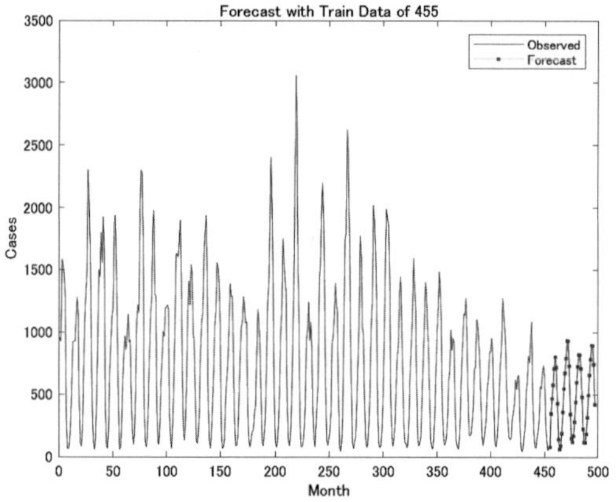
Forecast with Train Data of 455
Observed
Forecast
Cases
Month
3500
3000
2500
2000
1500
1000
500
0
0
50
100
150
200
250
300
350
400
450
500

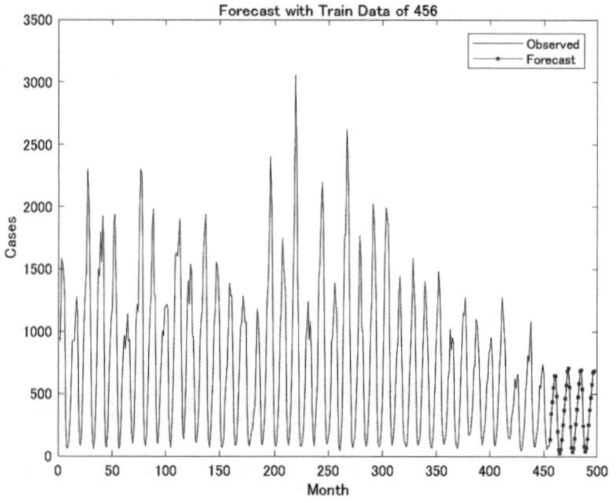
Forecast with Train Data of 456
Observed
Forecast
Cases
Month
3500
3000
2500
2000
1500
1000
500
0
0
50
100
150
200
250
300
350
400
450
500

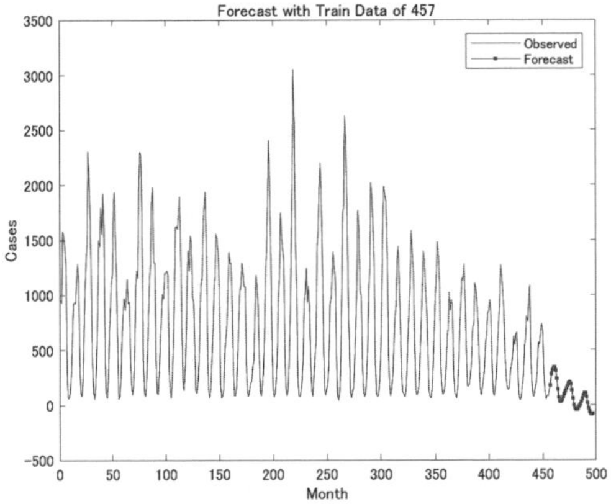


```
hold on
idx = numTimeStepsTrain:(numTimeStepsTrain+numTimeStepsTest);
plot(idx,[data(numTimeStepsTrain) YPred],'.-')
hold off
xlabel("Month")
ylabel("Cases")
title("Forecast with Train Data of " + numTimeStepsTrain)
legend(["Observed" "Forecast"])
```

予測値をテスト データと比較する。予測精度を評価するために，標準化されたデータから計算された平方根平均二乗誤差(RMSE=sqrt(mean((YPred-YTest).^2)))を計算する。この値が低いほど予測精度が良いと判断される。

```
figure
subplot(2,1,1)
```

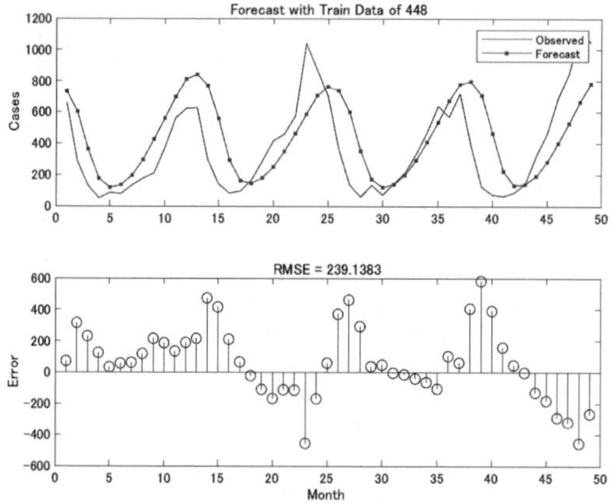
Forecast with Train Data of 448
Observed
Forecast
Cases
RMSE = 239.1383
Error
Month

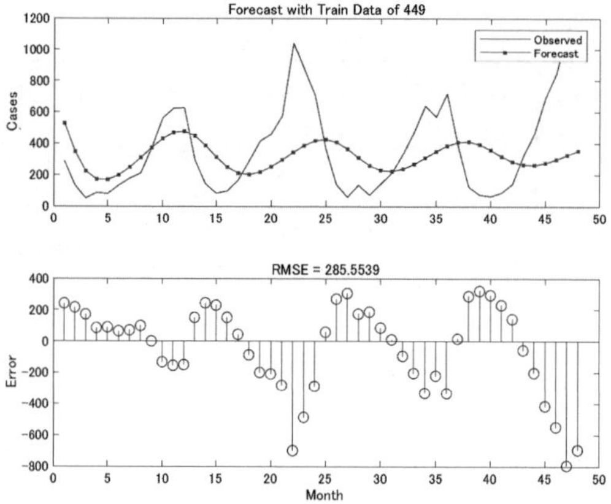
Forecast with Train Data of 449
Observed
Forecast
Cases
RMSE = 285.5539
Error
Month

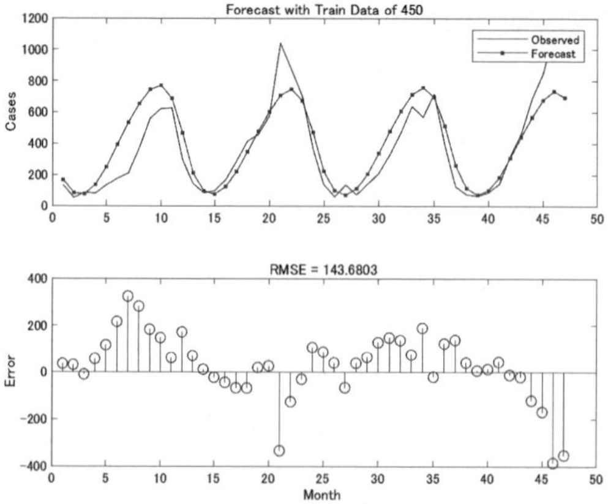
Forecast with Train Data of 450
Observed
Forecast
Cases
RMSE = 143.6803
Error
Month

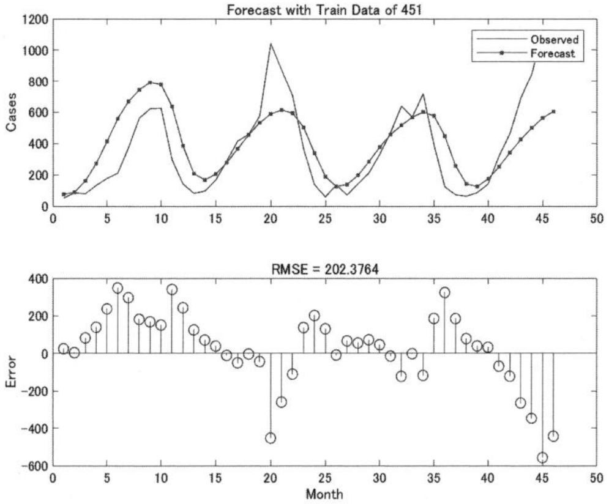
Forecast with Train Data of 451
Observed
Forecast
Cases
RMSE = 202.3764
Error
Month

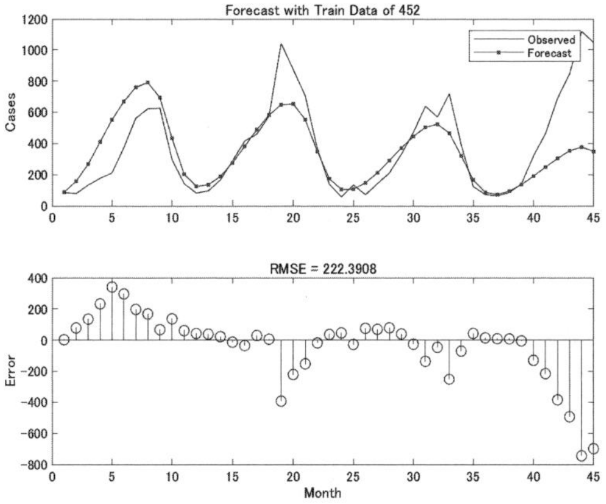
Forecast with Train Data of 452
Observed
Forecast
Cases
RMSE = 222.3908
Error
Month

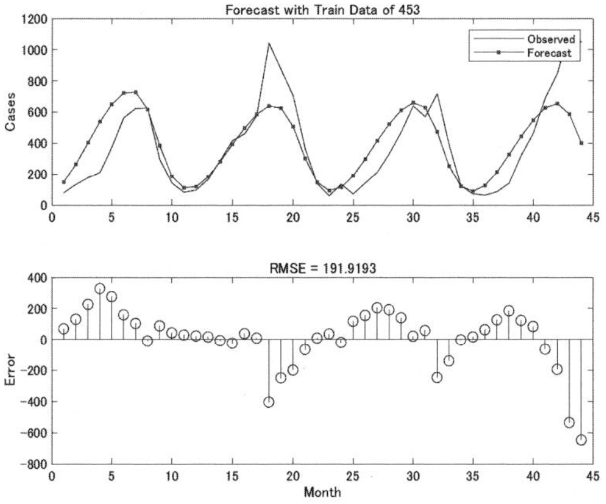
Forecast with Train Data of 453
Observed
Forecast
Cases
RMSE = 191.9193
Error
Month

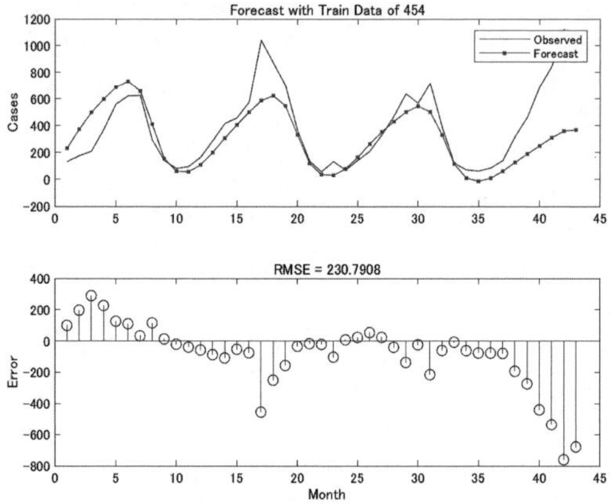
Forecast with Train Data of 454
Observed
Forecast
Cases
RMSE = 230.7908
Error
Month

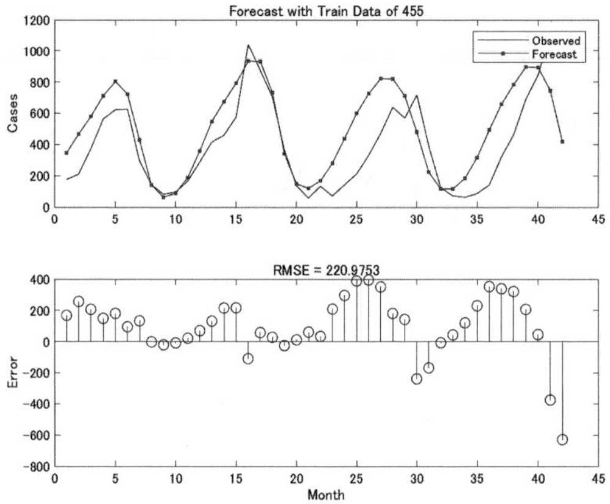
Forecast with Train Data of 455
Observed
Forecast
Cases
RMSE = 220.9753
Error
Month

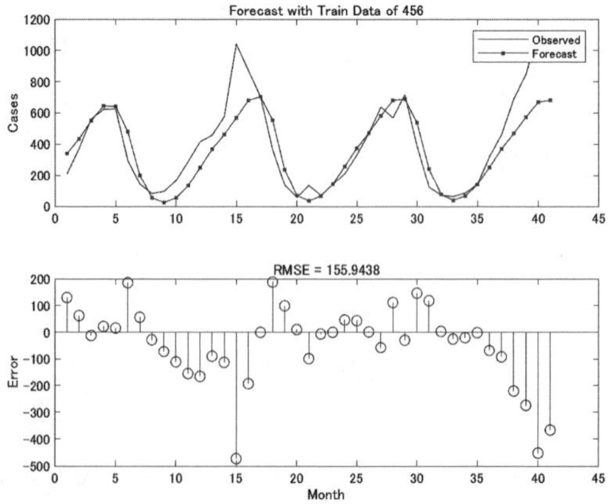
Forecast with Train Data of 456
Observed
Forecast
Cases
RMSE = 155.9438
Error
Month

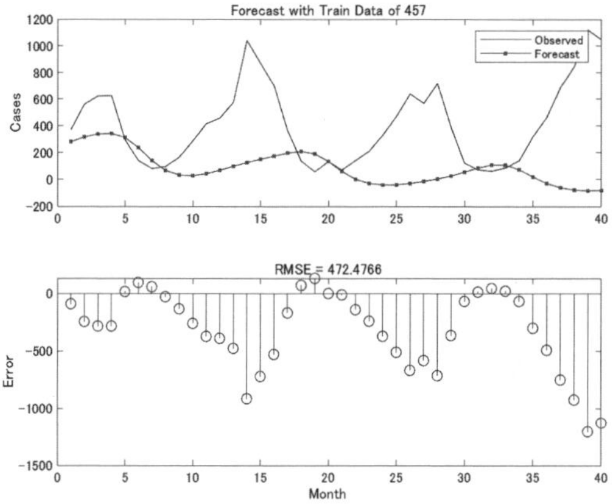


```
plot(YTest)
hold on
plot(YPred,'.-')
hold off
legend(["Observed" "Forecast"])
ylabel("Cases")
title("Forecast with Train Data of " + numTimeStepsTrain)
subplot(2,1,2)
stem(YPred - YTest)
xlabel("Month")
ylabel("Error")
title("RMSE = " + sqrt(mean((YPred-YTest).^2)))
```

観測値によるネットワークの状態の更新

予測と予測の間にタイム ステップで実際の値にアクセスできると想定して，予測値の代わりに観測値を使用してネットワークの状態を更新する。

新しいシーケンスについて予測を行うため，resetState を使用してネットワークの状態をリセットする。ネットワークの状態をリセットしてから，学習データに対して予測を行う。

```
net = resetState(net);
net = predictAndUpdateState(net,XTrain);
```

予測ごとに，前のタイム ステップの観測値を使用して次のタイム ステップを予測する。

```
YPred = [];
numTimeStepsTest = numel(XTest);
for i = 1:numTimeStepsTest
    [net,YPred(:,i)] = predictAndUpdateState(net,XTest(:,i),'ExecutionEnvironment
','cpu');
end
```

学習データで計算しておいたパラメーター sig を使用して予測を非標準化する。

```
YPred = sig*YPred + mu;
```

予測値と共に学習の時系列をプロットする。

```
figure
plot(dataTrain(1:end-1))
```

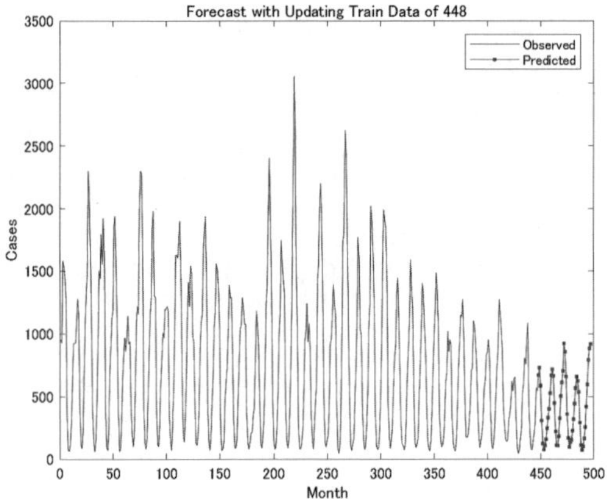

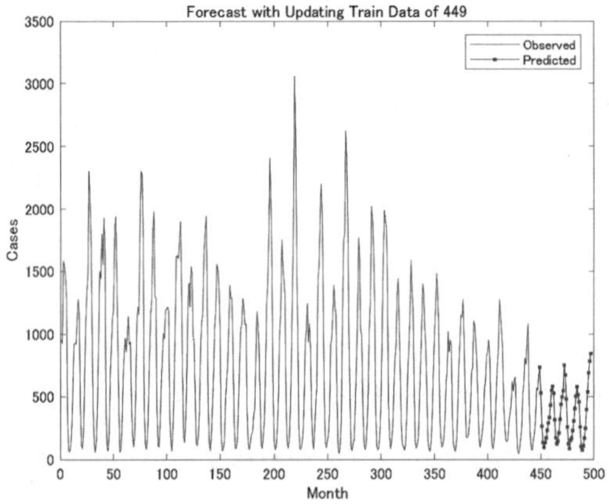

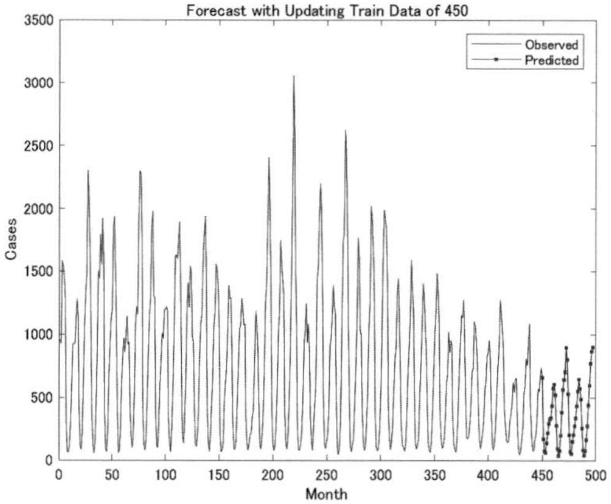
Forecast with Updating Train Data of 450
Observed
Predicted
Cases
Month

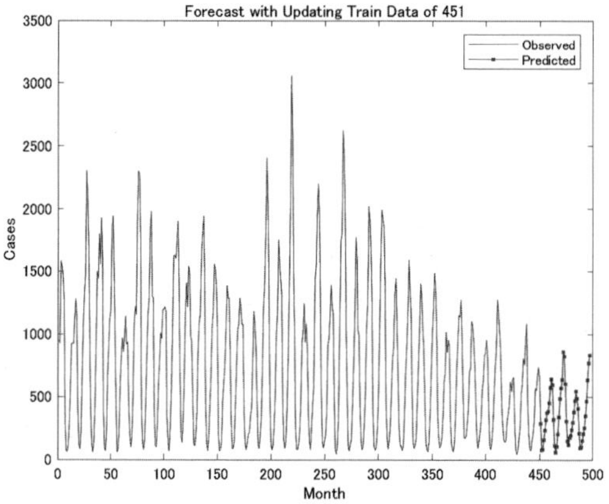
Forecast with Updating Train Data of 451
Observed
Predicted
Cases
Month

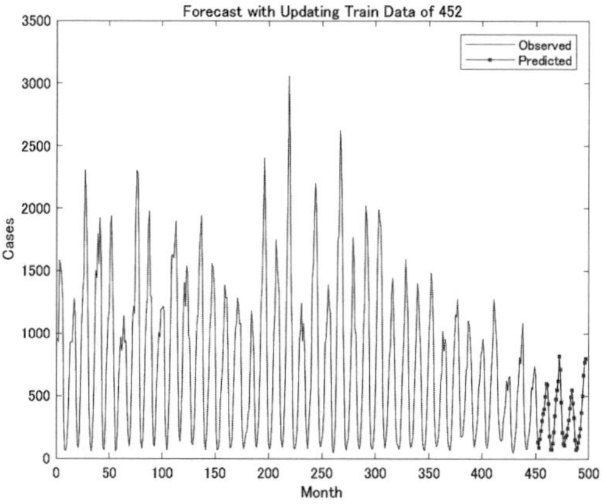
Forecast with Updating Train Data of 452
Observed
Predicted
Cases
Month

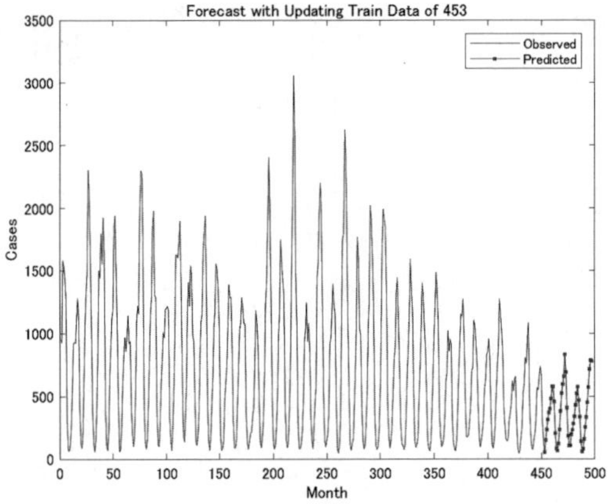
Forecast with Updating Train Data of 453
Observed
Predicted
Cases
3500
3000
2500
2000
1500
1000
500
0
0
50
100
150
200
250
300
350
400
450
500
Month

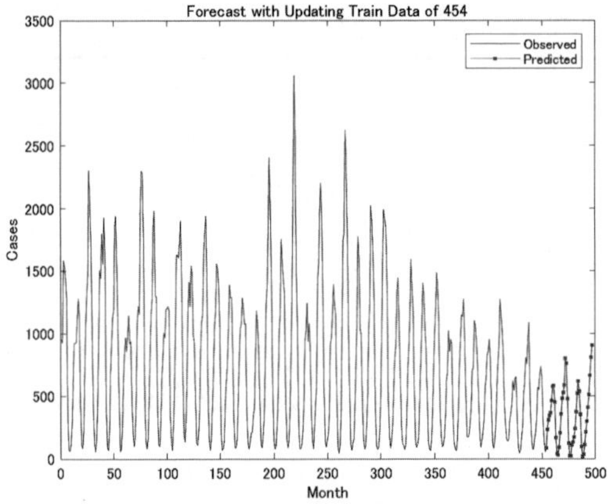
Forecast with Updating Train Data of 454
Observed
Predicted
Cases
3500
3000
2500
2000
1500
1000
500
0
0
50
100
150
200
250
300
350
400
450
500
Month

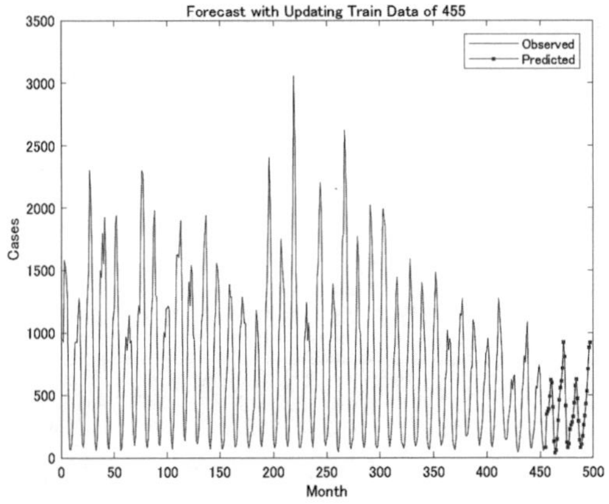
Forecast with Updating Train Data of 455
Observed
Predicted
Cases
3500
3000
2500
2000
1500
1000
500
0
0
50
100
150
200
250
300
350
400
450
500
Month

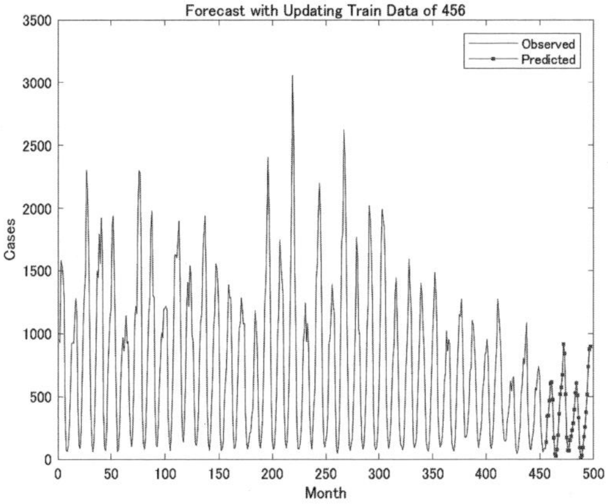

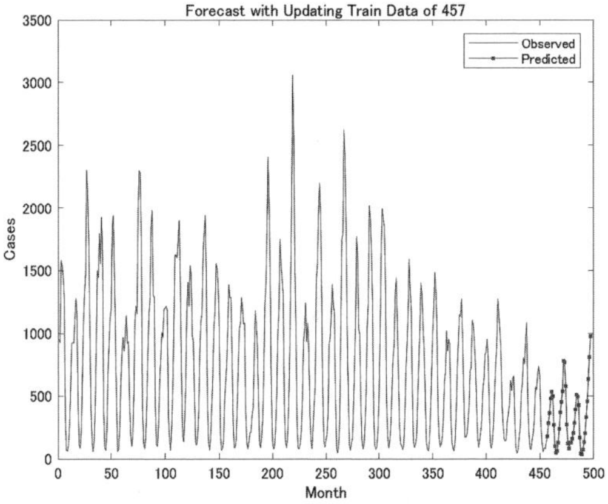


```
hold on
idx = numTimeStepsTrain:(numTimeStepsTrain+numTimeStepsTest);
plot(idx,[data(numTimeStepsTrain) YPred],'.-')
hold off
xlabel("Month")
ylabel("Cases")
title("Forecast with Updating Train Data of " + numTimeStepsTrain)
legend(["Observed" "Predicted"])
```

予測値をテスト データと比較する。予測精度を評価するために，標準化されたデータから計算された平方根平均二乗誤差（RMSE=sqrt(mean((YPred-

`YTest).^2)))` を計算する。この値が低いほど予測精度が良いと判断される。

```
figure
subplot(2,1,1)
```

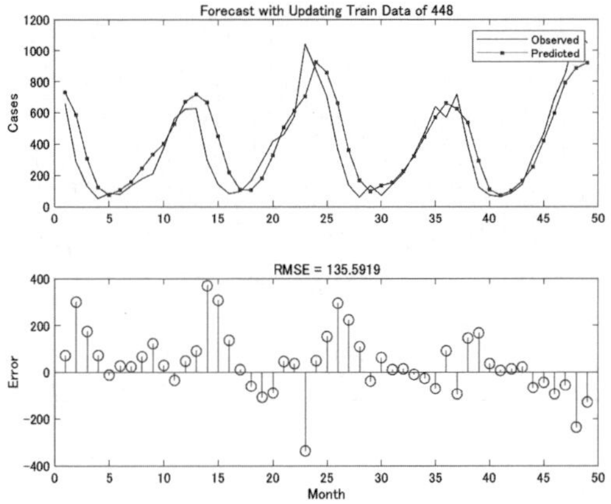

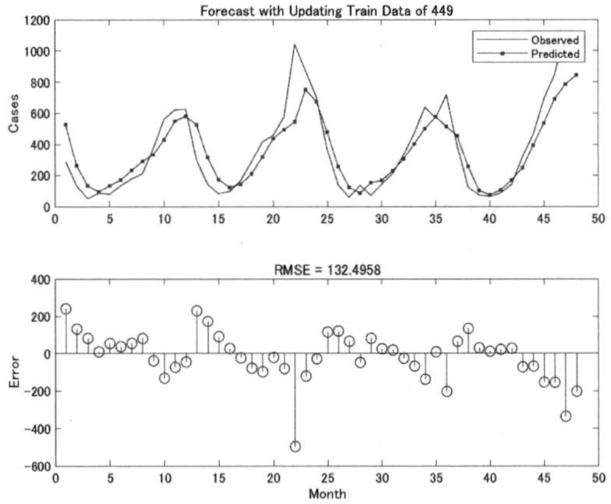

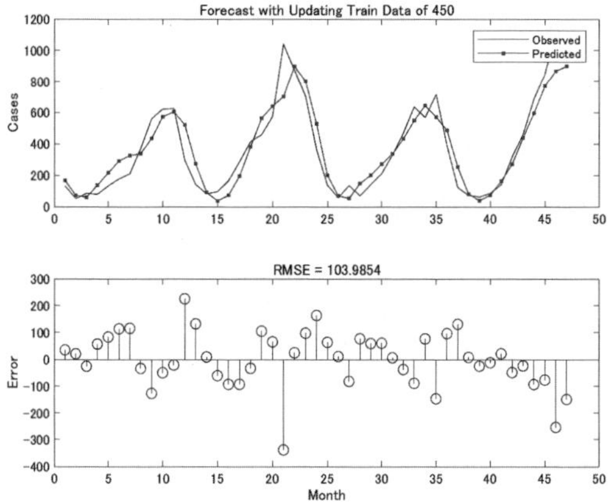
Forecast with Updating Train Data of 450
Cases
Observed
Predicted
RMSE = 103.9854
Error
Month

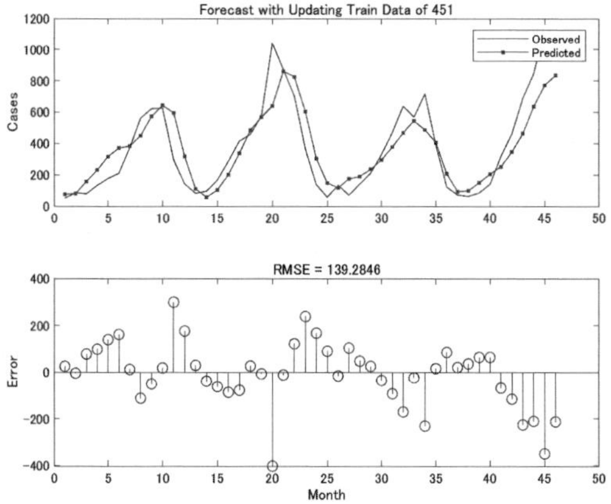
Forecast with Updating Train Data of 451
Cases
Observed
Predicted
RMSE = 139.2846
Error
Month

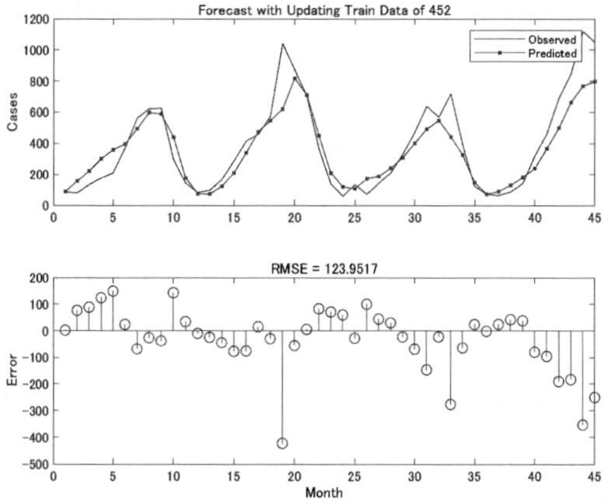
Forecast with Updating Train Data of 452
Cases
Observed
Predicted
RMSE = 123.9517
Error
Month

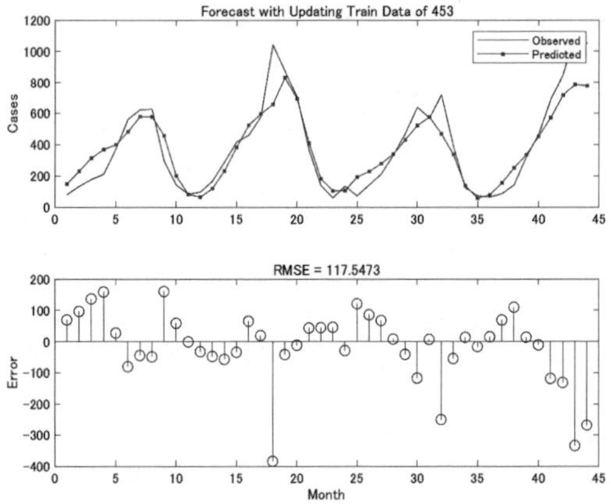
Forecast with Updating Train Data of 453
Observed
Predicted
Cases
RMSE = 117.5473
Error
Month

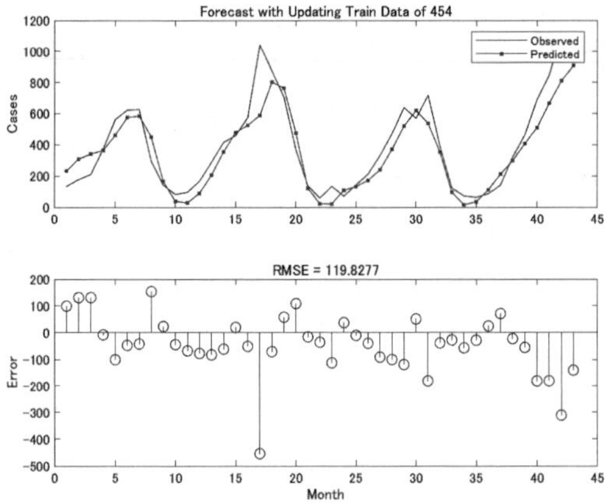
Forecast with Updating Train Data of 454
Observed
Predicted
Cases
RMSE = 119.8277
Error
Month

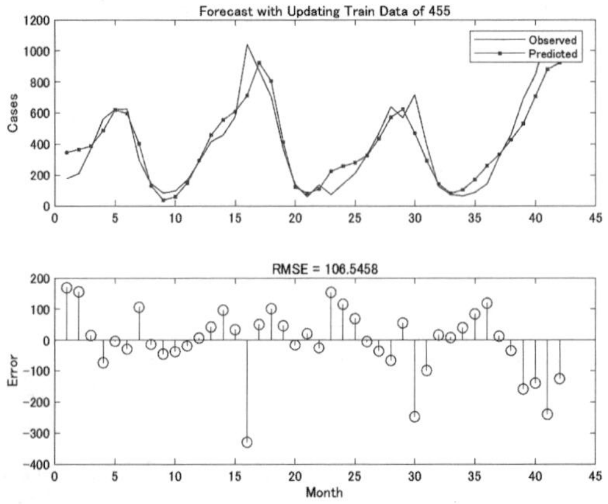
Forecast with Updating Train Data of 455
Observed
Predicted
Cases
RMSE = 106.5458
Error
Month

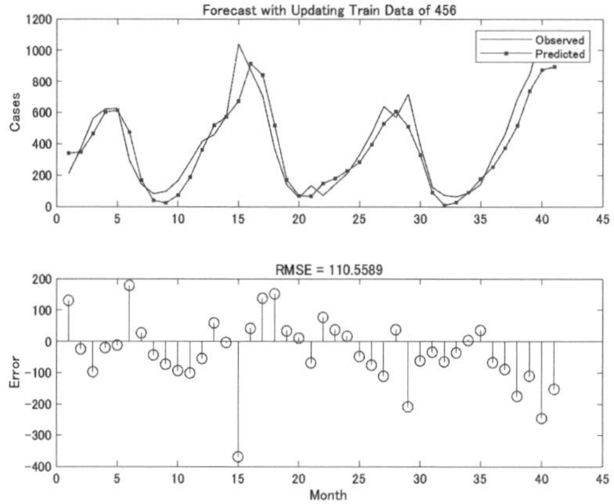

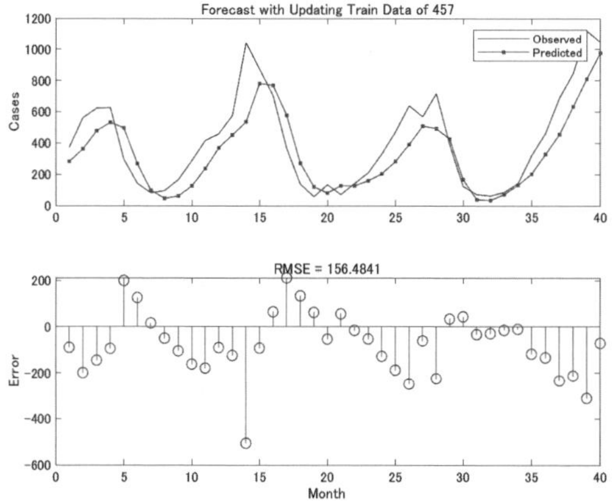


```
plot(YTest)
hold on
plot(YPred,'.-')
hold off
legend(["Observed" "Predicted"])
ylabel("Cases")
title("Forecast with Updating Train Data of " + numTimeStepsTrain )
subplot(2,1,2)
stem(YPred - YTest)
xlabel("Month")
ylabel("Error")
title("RMSE = " + sqrt(mean((YPred-YTest).^2)))
numTimeStepsTrain = numTimeStepsTrain+1;%題意を満たすため記入(学習用のデータを1つ追加)
```

```
end %題意を満たすため記入(jのfor文のend)
```

参考例

1. ディープネットワークデザイナーを使用して時系列予測をネットワークに学習させる．

https://jp.mathworks.com/help/deeplearning/ug/time-series-forecasting-using-deep-network-designer.html

演習問題 4.2.4

シーケンス データの読み込み

参考例①（https://jp.mathworks.com/help/deeplearning/ug/sequence-to-sequence-classification-using-deep-learning.html）で使用されているデータセット HumanActivityTrain を読み込む。ファイルが現在のフォルダーまたはMATLABパス上のフォルダーにない場合は，絶対パス名または相対パス名を指定する必要がある。データを行ベクトルに変換する。

```
load HumanActivityTrain
```

2番目の学習シーケンスの最初の特徴をプロットし，対応する行動に応じてプロットに色を付ける。

```
X = XTrain{2}(1,:);
classes = categories(YTrain{2});
figure
for j = 1:numel(classes)
    label = classes(j);
    idx = find(YTrain{2} == label);
    hold on
    plot(idx,X(idx))
end
hold off
xlabel("Time Step")
ylabel("Acceleration")
```

```
title("Training Sequence 2, Feature 1")
legend(classes,'Location','northwest')
```

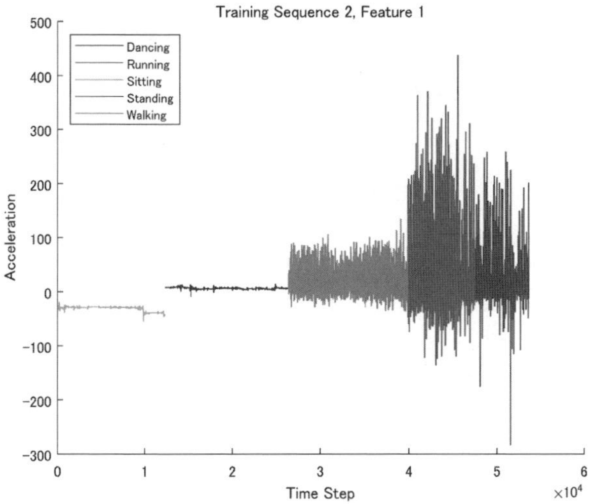

LSTM ネットワーク アーキテクチャの定義

LSTM ネットワーク アーキテクチャを定義する。入力をサイズ 3（入力データの特徴の数）のシーケンスになるように指定する。200 個の隠れユニットを持つ LSTM 層を指定し，ドロップアウトの確率 0.5 の dropoutLayer を指定する。最後に，サイズが 5 の全結合層を含めることによって 5 個のクラスを指定し，その後にソフトマックス層と分類層を配置する。

```
layers = [
    sequenceInputLayer(3,"Name","input")
    lstmLayer(200,"Name","lstm")
    dropoutLayer(0.5,"Name","dropout")
    fullyConnectedLayer(5,"Name","fc")
    softmaxLayer("Name","softmax")
    classificationLayer("Name","classification")];
```

学習オプションを指定する。ソルバーを 'adam' に設定し，学習を 60 エポック行う。勾配のしきい値を 2 に設定する。

```
options = trainingOptions('adam', ...
    'MaxEpochs',60, ...
    'GradientThreshold',2, ...
    'Verbose',0, ...
    'Plots','training-progress');
```

trainNetworkを使用し，指定した学習オプションでLSTMネットワークに学習させる。

```
net = trainNetwork(XTrain,YTrain,layers,options);
```

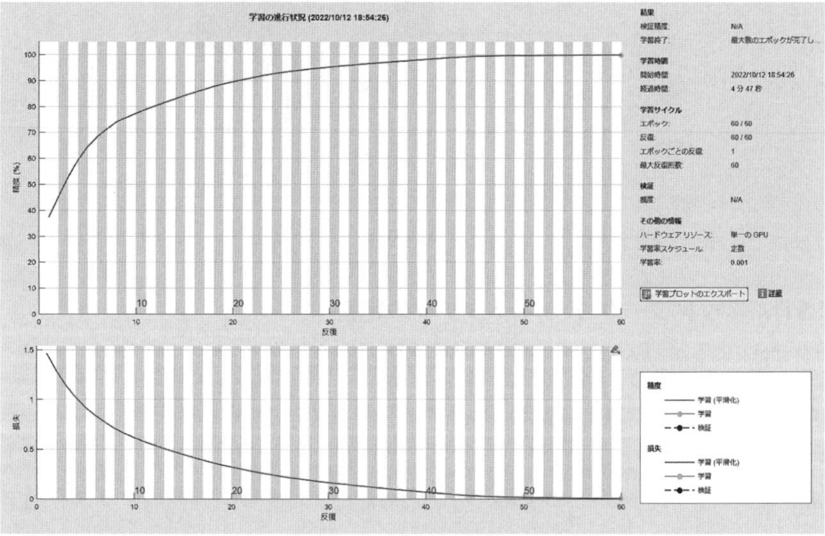

classifyを使用して6つの学習データを分類する。そして，各学習データの分類精度を計算する。

```
YRecognizedTrain1 = classify(net,XTrain{1});
YRecognizedTrain2 = classify(net,XTrain{2});
YRecognizedTrain3 = classify(net,XTrain{3});
YRecognizedTrain4 = classify(net,XTrain{4});
YRecognizedTrain5 = classify(net,XTrain{5});
YRecognizedTrain6 = classify(net,XTrain{6});
accTrain1 = sum(YRecognizedTrain1 == YTrain{1})./numel(YTrain{1})
accTrain1 = 0.9995
accTrain2 = sum(YRecognizedTrain2 == YTrain{2})./numel(YTrain{2})
```

```
accTrain2 = 0.9993
accTrain3 = sum(YRecognizedTrain3 == YTrain{3})./numel(YTrain{3})
accTrain3 = 0.9995
accTrain4 = sum(YRecognizedTrain4 == YTrain{4})./numel(YTrain{4})
accTrain4 = 0.9995
accTrain5 = sum(YRecognizedTrain5 == YTrain{5})./numel(YTrain{5})
accTrain5 = 0.9992
accTrain6 = sum(YRecognizedTrain6 == YTrain{6})./numel(YTrain{6})
accTrain6 = 0.9969
```

LSTM ネットワークのテスト

テスト データを読み込み，タイム ステップごとに行動を認識する。

行動のテスト データ HumanActivityTest を読み込む。XTest には 3 次元の単一シーケンスが含まれ，YTest には，各タイム ステップでの行動に対応するカテゴリカル ラベルのシーケンスが含まれる。ファイルが現在のフォルダーまたは MATLAB パス上のフォルダーにない場合は，絶対パス名または相対パス名を指定する必要がある。データを行ベクトルに変換する。

```
load HumanActivityTest
YRecognizedTest1 = classify(net,XTest{1});
```

認識の精度を計算する。

```
accTest1 = sum(YRecognizedTest1 == YTest{1})./numel(YTest{1})
accTest1 = 0.9998
```

認識結果をテスト データと比較する。

```
figure
plot(YRecognizedTest1,'.-')
hold on
plot(YTest{1})
hold off
xlabel("Time Step")
ylabel("Activity")
title("Recognized Activity")
legend(["Recognized" "Test Data"])
```

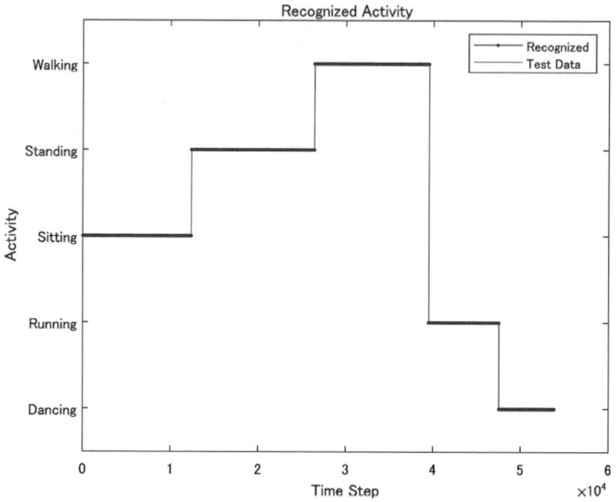

参考例

1. 深層学習を使用した sequence-to-sequence 分類．

　https://jp.mathworks.com/help/deeplearning/ug/sequence-to-sequence-classification-using-deep-learning.html

4.3 モデルの調整

演習問題 4.3.1

　検証精度が 95% と最も高い試行が 2 つあったので，その中から検証誤差が 0.194 9 と最も低い試行（Solver が sdgm, MaxEpochs が 8）を選択し，その学習済ネットワーク，学習情報，およびすべての試行の結果を，4-3-1.mat に保存した。そして，その試行の学習プロットと検証結果の混合行列の画像を，学習プロット 431（精度）.png, 学習プロット 431（損失）.png, 混合行列 431.png に保存した。

演習問題 4.3.2

検証精度が 95％と最も高い試行が 2 つあったので，その中から検証誤差が 0.086 8 と最も低い試行（myInitialLearnRate が 0.001, Solver が sdgm, MaxEpochs が 24）を選択し，その学習済ネットワーク，学習情報，およびすべての試行の結果を，4-3-2.mat に保存した。そして，その試行の学習プロットと検証結果の混合行列の画像を，学習プロット 432(精度).png, 学習プロット 432(損失).png, 混合行列 432.png に保存した。

演習問題の解答例の解説

4.1　画　像　認　識

演習問題 4.1.1〜4.1.2

（解答例（ライブスクリプトのプログラム）に記載）

演習問題 4.1.3

1.　イメージラベラーアプリの起動

［**アプリ**］タブの［**イメージ処理とコンピューター ビジョン**］からイメージラベラーアプリを開く。［**インポート**］をクリックし（**解説図 1**），［**ファイルから**］を選択して複数のクラスの対象物が存在する画像 2 枚を読み込む。

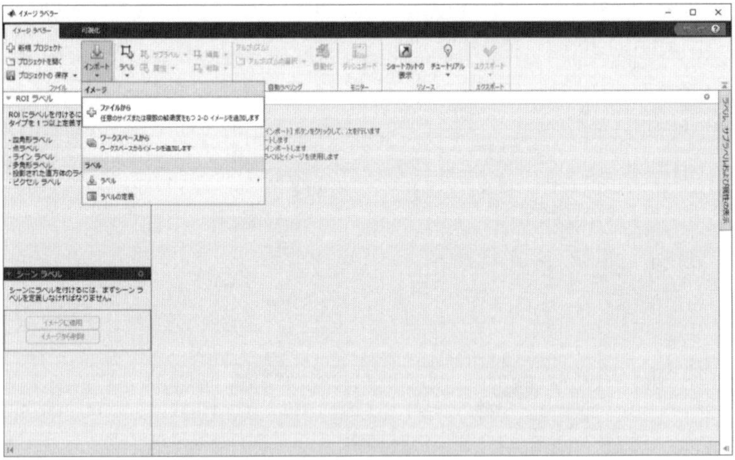

解説図 1

2.　ROI ラベルの作成

この例では，乗り物の種類をラベル付けするための「Vehicle」グループを定義してから，Car および Bicycle の ROI ラベルを作成する。ROI ラベルタイプを ROI ラベルタイプは，以下の 6 種類がある。

① 四角形

イメージ内のオブジェクトの周りに 2 次元の四角形境界ボックスラベルを描画する。

② 点

イメージ内の点を検出するため点ラベルを描画する。

③ ライン

車線境界線のような線にラベルを付けるためにライン ROI を描画する。

④ 投影された直方体

イメージ内のオブジェクトの周りに 3 次元の境界ボックスラベルを描画する。

⑤ 多角形

オブジェクトの周りに多角形ラベルを描画する。

⑥ ピクセルラベル

セマンティック セグメンテーション用に，道路や空などのさまざまなクラスにラベルを付けるため，ピクセルを描画する。

［**ラベル**］をクリックし，「**四角形**」を選択する。ラベル名のテキストボックスに「Bicycle」と入力する。［**グループ**］ドロップダウン メニューから，［**新規グループ ...**］を選択し，グループに「Vehicle」という名前を付け（**解説図 2**）［**OK**］を押す。

解説図 2

［**Vehicle**］のグループ名，作成されたラベル［**Bicycle**］が［**ROIラベル**］ペインに表示される。リストのラベルを左クリックして上下にドラッグすると，リスト内の別の位置またはグループに移動できる。

3.　ラベルタイプの追加

［**Vehicle**］ラベルの2番目のタイプを追加するには，再び［**ラベル**］をクリックし，表示された［**新しいRectangleの定義**］のグループドロップダウンメニューから［**Vehicle**］を選択し，ラベルに「Car」という名前を付け，［**OK**］をクリックする。

4.　四角形ROIの描画

［**Bicycle**］サブラベルを選択し，マウスを使って自転車の周りに四角形ROIを描画する。また，［**Car**］サブラベルを選択して，車の周りにROIを描画する。描画例は解答例に掲載している。

5.　シーンラベルの作成

「シーンラベル」は，シーン全体に関する追加情報を定義し，ライティングや気象などの条件を説明するために使用する。シーンラベルを作成して，イメージに適用する。［**ラベル**］を選択し，［**シーン**］をクリックする（**解説図3**）。

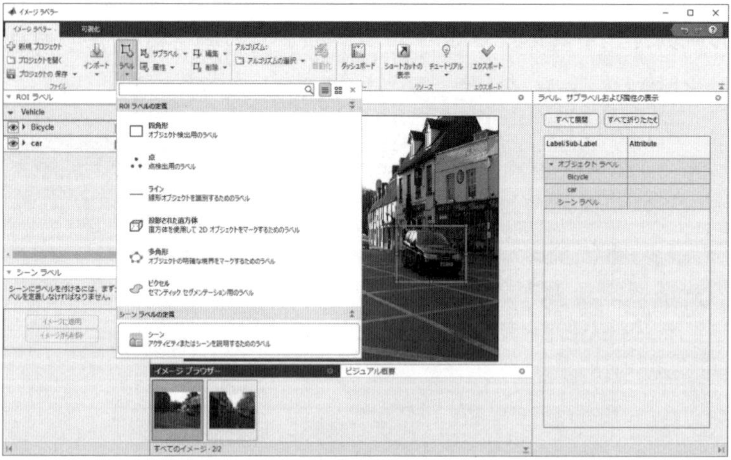

解説図3

［**ラベル名**］ボックスに「Crossroad」と入力する。ラベル定義の色は，シーンラベルに合わせて変更することも可能なので，解答ではオレンジに変更している。［**色**］パラメーターの下で，カラープレビューをクリックし，オレンジを選択する。次に，［**OK**］をクリックして色の選択ウィンドウを閉じる。［**グループ**］パラメーターを既定の［**None**］のままにし，［**OK**］をクリックする。［**シーン ラベル**］ペインにシーン ラベルの定義が表示される。同様にラベル名「Road」，ラベル定義の色が青のシーンラベルも登録する。

一枚目の画像は，［**Crossroad**］のシーンラベルを選択し，［**イメージに適応**］をクリックする（**解説図 4**）。2 枚目の画像は，［**Road**］のシーンラベルを選択し，［**イメージに適応**］をクリックする。

解説図 4

6.　アプリセッションの保存については，ヒントに記載した。

7.　解答例のセッションは e413.mat という名前で保存する。

演習問題 4.1.4

1.　ビデオラベラーアプリの起動

［**アプリ**］タブの［**イメージ処理とコンピューター ビジョン**］からビデオラベラーアプリを開く。［**インポート**］をクリックし，［**ビデオを追加**］を選択して動画ファイルを読み込む（**解説図 5**）。

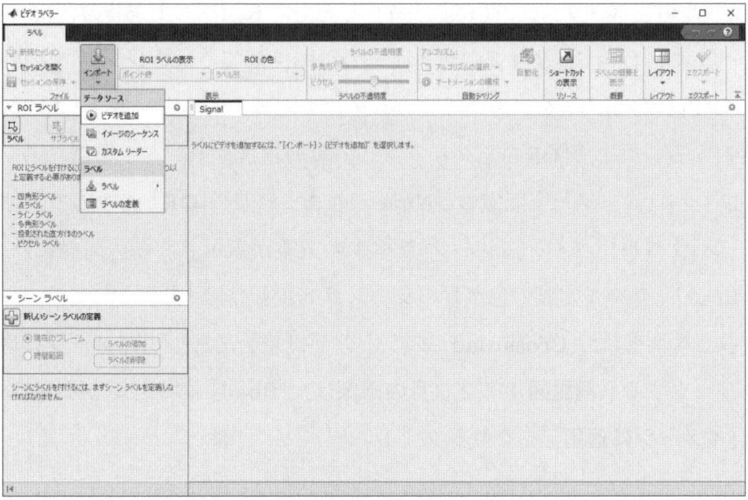

解説図 5

2.　ROIラベルの作成

演習問題4.1.3の解答例の解説を参考に，ROIラベルを作成する。この例では，道路を走る車にラベル付けをするため，VehicleグループのCarラベルを作成する。左側の［**ROIラベル**］ペインで［**ラベル**］をクリックし，ラベル名のテキストボックスに「Car」と入力する。ROIラベルタイプは，ラベルオートメーションアルゴリズムで［**時間内挿**］のアルゴリズムを使用するため，ROIラベルタイプは［**四角形**］を選択する。［**グループ**］ドロップダウン メニューから，［**新規グループ ...**］を選択し，グループに「Vehicle」という名前を付け［**OK**］を押す。

3.　解答例のセッションはe414.matという名前で保存する。

演習問題 4.1.5～4.1.8

（解答例（ライブスクリプトのプログラム）に記載）

演習問題 4.1.9

1. 「ネットワーク アーキテクチャの定義」の直前の処理までは参考例①[†]と同じ手順を行い，「ネットワーク アーキテクチャの定義」を題意のものにする対話型の作業を行う。
2. 上記作業で下記のネットワークが得られる（e419_network.jpg という名前で保存）。参考例①の reluLayer と fullyConnectedLayer（ただし，OutputSize プロパティを 10 に変更）の間に maxPooling2dLayer（ただし，PoolSize プロパティを 2,2 に変更）と crossChannelNormalizationLayer が挿入されている（**解説図 6**）。

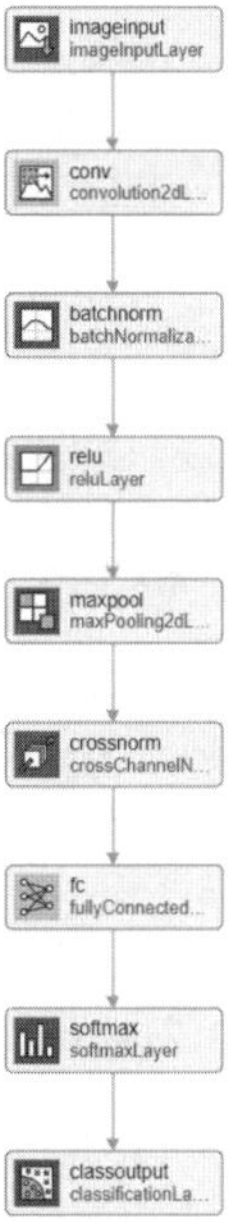

解説図 6

† 演習問題の解答例の解説における「条件」「引用・参考文献」「参考例」は，特に明記されていない場合，それぞれ対応する演習問題のものを示す。

3．解答例の画像はe419.pngという名前で保存する。

4．演習問題4.1.9実行後にワークスペース変数のmatファイルに名前を付けて保存する（解答例では，e419ws.mat）。

演習問題 4.1.10

1．学習と検証の条件を設定した結果は，**解説図7**のとおり。

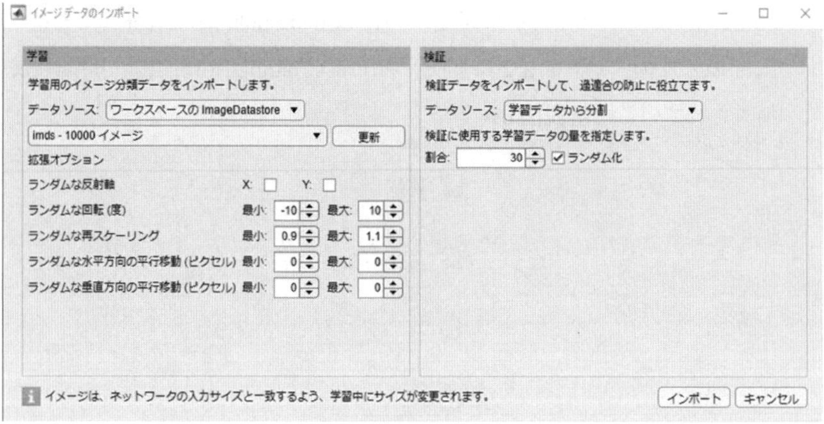

解説図 7

2．解答例の画像はe4110.pngという名前で保存する。

演習問題 4.1.11

1．「ネットワーク アーキテクチャの定義」の直前の処理までは参考例①と同じ手順を行い，「ネットワーク アーキテクチャの定義」を題意のものにする対話型の作業を行う（（a）と（b）で共通）。

2．上記作業で下記のネットワークが得られる（（a），（b）について，それぞれe4111a_network.jpg, e4111b_network.jpgという名前で保存）。参考例①のreluLayerとfullyConnectedLayer（ただし，OutputSizeプロパティを10に変更）の間に，（a）では7個，（b）では12個の層がそれぞれ挿入されている（**解説図 8**，**解説図 9**）。

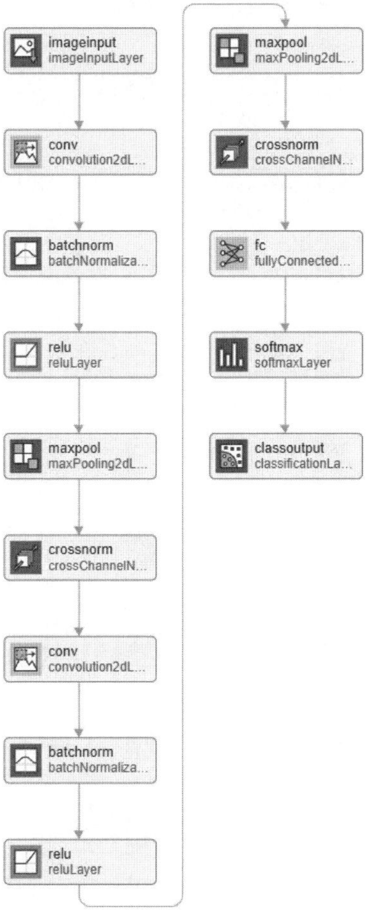

解説図 8　演習問題 4.1.11（a）のネットワーク

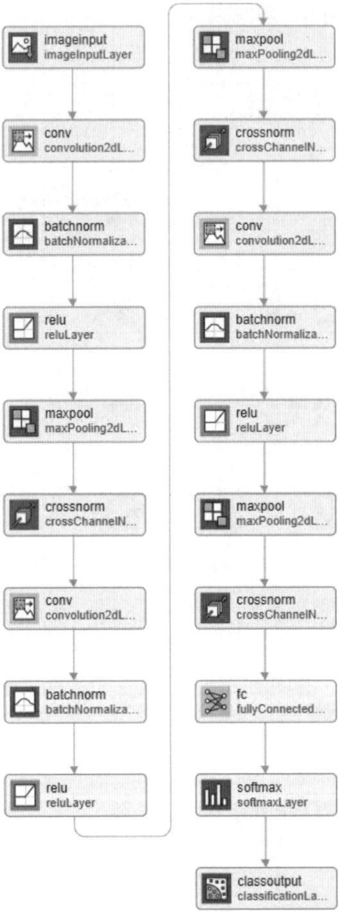

解説図 9　演習問題 4.1.11（b）のネットワーク

3. 解答例の画像は（a），（b）に対して，e4111a.png, e4111b.png という名前でそれぞれ保存する。

演習問題 4.1.12

1. 学習オプションは**解説図 10** のとおりである。

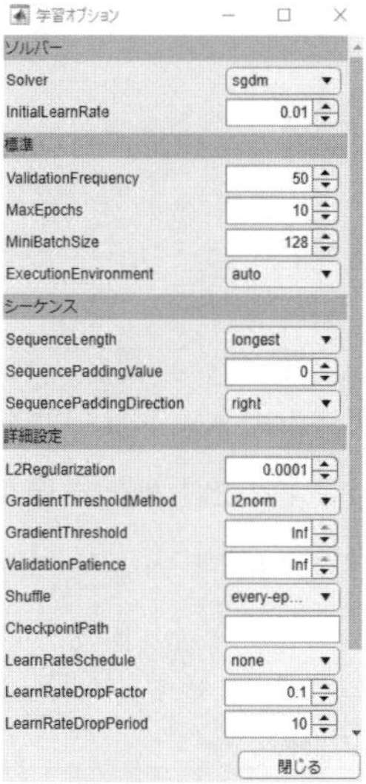

解説図 10

2. 解答例の画像は e4112.png という名前で保存する。

演習問題 4.1.13

解答例の画像は e4113.png という名前で保存する。

演習問題 4.1.14

1. 解答例では，InitialLearnRate を 0.001 に設定した学習済みネットワークを表す変数を trainedNetwork_3，InitialLearnRate を 0.000 05 に設定した学習済みネットワークを表す変数を trainedNetwork_4 としている。
2. 解答例の画像は e4114a.png, e4114b.png という名前で保存する。

4.2 LSTM

演習問題 4.2.1

1. LSTM 隠れ層の数が 4 通りなので，学習済みのネットワークを 4 つ作成する。そして，各ネットワークを用いて，参考例①と同様の出力画像を保存する。

2. 解答例の画像は掲載順に，e421-1.png ～ e421-12.pngという名前で保存する。

演習問題 4.2.2

1. xが4条件なので，学習済みのネットワークを4つ作成する。そして，各ネットワークを用いて，題意の出力画像を保存する。
2. 解答例の画像は掲載順に，e422-1.png ～ e422-12.pngという名前で保存する。

演習問題 4.2.3～4.2.4

（解答例（ライブスクリプトのプログラム）に記載）

4.3 モデルの調整

演習問題 4.3.1

1. 参考例①の［**ハイパーパラメーター**］において，「default」を削除することで，［**セットアップ関数**］におけるswitch文において「default」の条件の実験が行われることがなくなる。
2. ［**セットアップ関数**］におけるネットワーク アーキテクチャの定義をgooglenet用の記述のみになるよう書き直し，［**ハイパーパラメーター**］において，名前の欄Networkの行を選択して［**削除**］をクリックすることで上記1と同様の効果がある。
3. セットアップ関数への入力は，ハイパーパラメーターテーブルのフィールドをもつ構造体である。
4. 実験において乱数を使用する部分がある場合には，試行ごとに結果が異なることがある。

演習問題 4.3.2

1. [**セットアップ関数**] において，この演習問題で書き直しを行うのは，学習オプションだけである。
2. [**セットアップ関数**] のこの演習問題で書き直しを行う部分以外については，余力と興味がなければ，必ずしも理解する必要はない。

索　　　引

英　訳　索　引

――編著者略歴――

吉冨　康成（よしとみ　やすなり）

1982 年　京都大学大学院工学研究科修士課程修了（数理工学専攻）
1982 年　新日本製鐵株式会社勤務
1991 年　工学博士（京都大学）
1995 年　宮崎大学助教授
2001 年　京都府立大学教授
2008 年　京都府立大学大学院教授
2022 年　京都府立大学名誉教授
　　　　現在に至る

――著 者 略 歴――

浅田　太郎（あさだ　たろう）

2010 年　京都府立大学大学院人間環境科学研究科博士後期課程修了（環境情報学専攻）
　　　　博士（学術）
2010 年　京都府立大学特任講師
2011 年　京都府立大学特任准教授
2022 年　京都府立大学大学院教授
　　　　現在に至る

田伏　正佳（たぶせ　まさよし）

1988 年　神戸大学大学院自然科学研究科博士課程修了（物質科学専攻）
　　　　学術博士
1992 年　宮崎大学助手
1999 年　宮崎大学助教授
2003 年　京都府立大学助教授
2007 年　京都府立大学准教授
2008 年　京都府立大学大学院准教授
2018 年　京都府立大学大学院教授
　　　　現在に至る

横山　友也（よこやま　ゆうや）

2015 年　京都工芸繊維大学大学院工芸科学研究科博士後期課程修了(設計工学専攻)
　　　　博士（学術）
2016 年　京都府立大学特任助教
2017 年　京都工芸繊維大学非常勤講師
2023 年　東京都立産業技術大学院大学助教
　　　　現在に至る

演習で学ぶ MATLAB によるディープラーニング

Deep Learning with MATLAB

2024年 3月 1日　初版第1刷発行　★

検印省略

編著者	吉冨　康成	
著　者	浅田　太郎	
	田伏　正佳	
	横山　友也	
発行者	株式会社　コロナ社	
	代表者　牛来真也	
印刷所	壮光舎印刷株式会社	
製本所	株式会社　グリーン	

112-0011　東京都文京区千石 4-46-10

発行所　株式会社　**コロナ社**

CORONA PUBLISHING CO., LTD.

Tokyo Japan

振替00140-8-14844・電話(03)3941-3131(代)

ホームページ　https://www.coronasha.co.jp

ISBN 978-4-339-02942-0　C3055　Printed in Japan　（田中）